懶人食譜
500道
X 最快2步驟開飯

【日本年度食譜大賞冠軍】
省時省錢！活用現有食材，新手也能
變出多國料理

やる気1%ごはん
テキトーでも美味しくつくれる
悶絶レシピ500

丸美廚房 著　許郁文 譯

只需1%的幹勁就能做出的

500道
懶人料理！

拿出1%幹勁就好

只需要微波爐、電子鍋與拌勻

\火候好難控制/

oh!

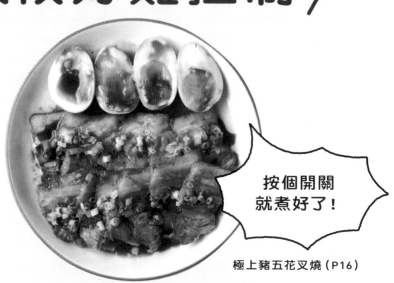

按個開關就煮好了！

極上豬五花叉燒（P16）

也有按下微波爐或電子鍋的開關，
或是輕鬆地攪拌幾下就完成的食譜喲！

拿出1%幹勁就好——

oh!

冗長的說明都省略！

\很不擅長閱讀文字/

步驟超簡單

食譜又短又簡潔

韭菜豆芽菜炒蛋（P25）

一般食譜的說明都很冗長又廢話。
本書食譜都是懂個大概就能完成的料理，
所以故意省略了不少說明，
例如：「放進微波爐加熱2分鐘」→「微波2分鐘」。

拿出1%幹勁就好

主食材幾乎
只有2種

\ 出門買食材好麻煩 /

oh!

用家裡現有的
食材就能做

使用的
食材很少

利用杯麵煮一杯炒飯（P29）

外出買食材真的很累人。
為了使用家裡現有食材就能做料理，
本書食譜都不會用到太多主食材，
也會使用泡麵類的食材！

拿出1%幹勁就好

不用動腦
也行！

oh!

\ 不想設計菜單 /

介紹500道料理，
涵蓋所有的食材！

只需要選擇
想吃以及會做的
料理就好

用電子鍋煮百分之百都是肉的漢堡排（P18）

設計菜單的確難度很高。
從涵蓋各種食材的500道料理中，
挑出想吃以及會做的料理吧！

能夠重現所有味道的
基本！ 常備調味料

1 雞高湯粉
使用顆粒狀的高湯粉。
只要有這個，就能重現中式料理的
所有風味！

2 麻油
可用來增加風味。

3 味醂
要使用本味醂，不要使用味醂風的味醂。

4 法式高湯粉
使用顆粒狀的高湯粉。

5 蒜泥、薑泥
都使用軟管式包裝的產品。

6 辣油
在想要增加辣味的時候使用。

7 味噌
用來替高湯調味。

8 酒
平價的料理酒即可。

9 醬油
使用的是濃口醬油。

10 奶油
使用的是無鹽奶油，含鹽奶油也沒問題。
製作甜點時，請務必使用無鹽奶油。

11 燒肉醬
中辣是最佳選擇。

12 麵味露
2倍濃縮（利用柴魚片熬兩次高湯，
柴魚風味明顯的產品）。

13 醬汁
沒有特別說明的話，使用中濃醬。

14 調味胡椒鹽
需要胡椒鹽的時候，一律利用這款產品調味。

有的話更方便喲！

● 畫龍點睛用
黑胡椒
一味、七味辣椒粉
韓式辣椒醬

日式黃芥末醬
黃芥末醬
白芝麻

● 增加顏色
青海苔（紫菜）
紅辣椒
乾燥歐芹

● 超方便食材
炸渣（天婦羅花）
鹽昆布

超輕鬆！

超級好用的
廚房神器

微波爐容器

本書使用玻璃類型的耐熱容器。使用微波爐加熱時，都使用600W的微波爐。
❶ 耐熱碗　直徑21.3公分
❷ 耐熱容器（大）
　寬13公分×長19公分×高5公分
❸ 耐熱容器（小）
　寬13公分×長13公分×高5公分

電烤箱

只要是能以1000W加熱的電烤箱，什麼牌子都可以。

電子鍋

不要使用加壓類型的電子鍋，使用能均勻加熱的三人份微電腦電子鍋即可。
雖然得花50分鐘左右才能煮好飯，但是全部的步驟只有按開關而已，所以很輕鬆。

平底鍋

使用有鐵氟龍塗層的類型。小的平底鍋可用來烹調半油煎的料理，大的平底鍋則可以用來炒菜或是油煎。
（小）　直徑20公分
（大）　直徑25～26公分

絕對不會失敗！

\ 半熟蛋的 /
黃金法則

本書莫名地出現很多次半熟蛋。
在此介紹一次要煮幾顆雞蛋、煮法與剝殼的方法。

規則 **1** 讓雞蛋的溫度恢復室溫。

規則 **2** 一次煮5顆。

規則 **3** 選擇大顆的雞蛋，蛋殼越堅硬的越好。

蛋黃會流出來的半熟蛋	蛋黃快要流不動的半熟蛋	蛋黃近乎固態的半熟蛋	蛋黃幾乎煮透的半熟蛋

🕐 5分半　　🕐 6分半　　🕐 7分半　　🕐 8分半

烹調方式

1 煮一鍋沸騰的熱水，再放入雞蛋。以中火煮5分半～8分半。

POINT!

●熱水要一直維持在沸騰、冒泡泡的狀態！

2 泡在水裡，等待餘溫消退。

3 沖水降溫。

4 一邊泡在水裡，一邊剝殼，就能剝得乾乾淨淨。

在開始料理之前

圖示　會以圖示標記烹調方式

微波爐[*1]
使用瓦數為
600W的
微波爐烹調。

電烤箱
使用瓦數為
1000W的
電烤箱烹調。

平底鍋
使用鐵氟龍塗層的
平底鍋。

電子鍋[*2]
使用微電腦
電子鍋,而不是
加壓電子鍋。

[*1] 如果需要保鮮膜,請不要包得太緊。不需要保鮮膜的話,就不會在食譜裡面提到保鮮膜
[*2] 一般來說,煮飯需要50分鐘,但每個人使用的電子鍋都不一樣,還請自行調整時間。

烹調步驟
- 洗菜、去皮、利用餐巾紙吸除多餘的油都是基本步驟,本書也予以省略。
- 蔥花或是芝麻這類在最後用於裝飾的食材基本上不會寫在食譜裡面,各位可視個人喜好添加。
- 不會特別介紹半熟蛋的製作方法。請參考第8頁的說明,製作想要的半熟蛋。

火候
基本上都是中火。
每個人家裡的瓦斯爐都不一樣,所以請自行調整火候。

省略用語　會省略一些麻煩的說明,還請大家參考。

蛋黃美乃滋→美乃滋　　沙拉油→油　　保鮮袋→袋

容器→耐熱容器　　用微波爐加熱→微波○分

大茶匙、小茶匙→大匙、小匙　　切成小段的蔥花→蔥花

份量
1大匙為15毫升、1小匙為5毫升。
雞蛋都使用大顆的雞蛋。

請大家邊讀
邊做看看喲!

目錄

照片／鈴木泰介（書腰、P2～32）、丸美廚房　造型／本鄉由紀子　插圖／yukke
設計／細山田光宣、鈴木atsusa（細山田設計事務所）　協力編輯／矢澤純子、東美希、平井薰子、佐藤雄一（小鳥書房）
編輯／松尾麻衣子（KADOKAWA）、DTP／Office SASAI　校對／麥秋Art Center、東京出版Center

PART

01

超受歡迎的菜單

蛋黃的口感
很黏稠喲！

NO.
001

 平底鍋

惡魔豬五花半熟蛋

2人份

1 利用100公克的豬五花肉片包住5顆半熟蛋。

2 利用平底鍋煎步驟**1**的食材，再拌入各**1大匙**的**醬油·砂糖**，然後將醬汁不斷地淋在食材上，讓醬汁巴附在食材表面。

極上
豬五花叉燒

用電子鍋均勻加熱，就能煮出
口感軟嫩又多汁的五花肉。美乃滋也是一大重點喲！

用電子鍋
就能煮得口感
軟嫩又多汁！

材料（2～3人份）

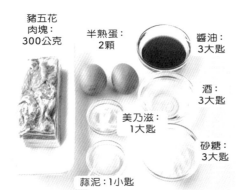

豬五花
肉塊：
300公克

半熟蛋：
2顆

醬油：
3大匙

酒：
3大匙

美乃滋：
1大匙

砂糖：
3大匙

蒜泥：1小匙

電子鍋

POINT!

● 豬肉如果太大塊，先切成一半。
● 換成豬里肌的話，
　味道會比較清爽。
● 可自行加點蔥花提味。

最好讓調味液淹到
豬五花肉一半的高度！

1 先將所有調味料倒入電子鍋，攪拌均勻後，讓豬五花肉以肥肉朝下的方式，放進電子鍋。

2 利用鋁箔紙當蓋子，再以一般煮飯的方式加熱。

烹調
TIPS

3 煮好後，把豬五花肉翻面。

4 放入水煮蛋，保溫10分鐘。

可用來製作叉燒丼，或是當成麵類料理的配料。如果醬汁有剩，還可用來滷蛋。

17

用電子鍋煮百分之百都是肉的漢堡排

NO.003

不使用其他食材，只有肉的鮮美。
這次使用的醬汁雖然簡單，但風味醇厚，完全不會輸給肉的味道。

可以充分享受
肉的滋味！

材料（2人份）

砂糖：
2大匙

中濃醬：7大匙　　蕃茄醬：7大匙

牛絞肉：400公克　　酒：7大匙

電子鍋

POINT!

- 手邊若沒有中濃醬，可換成其他的醬汁。
- 沒有先醃過，也能利用濃厚的醬汁滿足味蕾。
- 可視個人喜好撒點乾燥歐芹。

1 先將牛絞肉分成2等分，再捏成圖中圓筒形的形狀。

2 將所有調味料倒入電子鍋，接著攪拌均勻。

3 放入步驟**1**的食材，再以一般煮飯的方式加熱。

讓調味液淹到肉的一半最為理想。

4 煮好後，翻面，保溫10分鐘。

烹調
TIPS

利用100%絞肉製作也很美味。如果想放點洋蔥，記得先炒過。

醬汁
也很講究喲！

NO.
004

極上南蠻炸雞

在保鮮袋替雞肉裹粉再煎，就很容易保持廚房整潔。
作為佐醬使用的雞蛋可自行決定要多滑嫩，
但是半熟蛋的濃稠口感與煎得酥脆的雞肉最對味。

材料（2人份）

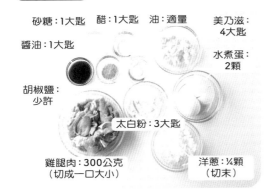

砂糖：1大匙　醋：1大匙　油：適量

醬油：1大匙

胡椒鹽：
少許

太白粉：3大匙

雞腿肉：300公克
（切成一口大小）

美乃滋：
4大匙

水煮蛋：
2顆

洋蔥：¼顆
（切末）

 平底鍋　　　微波爐

POINT!

● 水煮蛋的口感可自行調整。也
可改用雞胸肉製作。

● 可視個人口味撒點黑胡椒粉。

1 將太白粉與雞腿肉倒入袋子，再
讓太白粉均勻裹在雞腿肉表面。

2 將油倒入平底鍋。熱油後，倒入
步驟1的食材油煎。

3 煎到變色後，倒入砂糖、醬油與
醋，再讓醬汁均勻巴附雞肉。

不要拌得太細
最為理想

4 將洋蔥倒入耐熱碗，封上保鮮
膜，再微波2分鐘。倒入水煮蛋、
美乃滋、胡椒鹽，再輕輕拌開水
煮蛋，然後將醬料淋在雞肉上。

烹調
TIPS

用菜刀也切不斷的雞肉可改用廚房剪刀對付，應該就能切得很漂亮！

NO. 005 無水 奶油雞肉咖哩

所有材料都以微波加熱。以蕃茄作為基底的風味很有西餐的風格，
味道也很濃郁，很對小孩子的胃口才對。

討喜的
蕃茄風味！

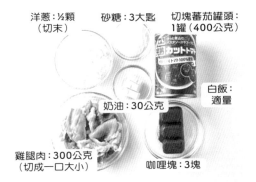

材料（2人份）

洋蔥：½顆
（切末）

砂糖：3大匙

切塊蕃茄罐頭：
1罐（400公克）

奶油：30公克

白飯：
適量

雞腿肉：300公克
（切成一口大小）

咖哩塊：3塊

微波爐

POINT!

● 可視個人口味，在完成時加點
咖啡奶精。

● 這次使用的是中辣口味的佛蒙
特咖哩塊，也可自行換成其他
的咖哩塊。

1 將所有食材倒入較大的耐熱碗。

2 封上一層保鮮膜再微波5分鐘。

不斷攪拌，直到
咖哩塊與奶油融化

3 攪拌均勻再微波5分鐘。淋在白
飯上就完成了。

烹調
TIPS

洋蔥可先放在冰箱冷藏，再使用鋒利的菜刀切，就比較不會薰得直流眼淚。

居家
居酒屋料理！

無限酸漬整根小黃瓜

材料（6根量）

紅辣椒（切成小段）：適量　蒜泥：1小匙

麵味露：3大匙

麻油：3大匙

小黃瓜：6根

POINT!

● 可利用刨皮刀刨出整齊的條紋狀。這道小黃瓜可利用衛生筷叉著吃。如果喜歡味道醃得淡一點，可以冷藏幾個小時就拿出來吃。

1

先切掉小黃瓜兩邊的頭，再將表皮刨成條紋狀。以少許的鹽揉醃。靜置10分鐘之後，洗掉表面的鹽，再擦乾水氣。

2

將麵味露、麻油、蒜泥、紅辣椒、步驟1的小黃瓜倒入袋子，攪拌均勻後，放入冰箱冷藏一晚。

NO. 007 韭菜豆芽菜炒蛋

材料（2人份）

雞蛋：1顆

韭菜：½把
（切段）

麻油：
適量

豆芽菜：1包
（200公克）

豬五花肉片：100公克
（切成小塊）

雞高湯粉：
1大匙

 平底鍋

POINT!

●雞蛋可另外炒，炒出滑嫩膨鬆的質感。也可以依照個人口味，利用胡椒鹽調味。

1
將麻油倒入平底鍋熱油後，倒入豆芽菜、豬五花肉片、雞高湯粉再快速拌炒。

2
將韭菜倒入步驟**1**的鍋子裡。炒熟後，將所有食材先倒出來。

3
倒入麻油與蛋液後，稍微拌炒一下，再將步驟**2**的食材倒回鍋中拌勻。

一下子就能煮出中式風味料理！

烹調TIPS

豆芽菜要趁新鮮用完。如果要放在冰箱保存，可泡在水裡，拉長保鮮期。

可當成減重時的
主餐吃！

NO.
008

油炸蒜味油豆腐排

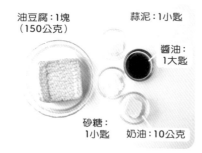

油豆腐：1塊
（150公克）

蒜泥：1小匙

醬油：
1大匙

砂糖：
1小匙　奶油：10公克

 平底鍋

POINT!

● 煎到變色後，就讓人不禁
食指大動。
可視個人口味利用
黑胡椒與蔥花調味。

1

先熱鍋，再放入奶油。
奶油融化後，將油豆
腐煎到兩面變色。

2

倒入醬油、砂糖、蒜
泥，煮到醬汁稍微收
乾即可。

這道料理可以配飯，也能配酒！

NO. 009 香蒜辣椒義大利麵 風味的香腸馬鈴薯

材料（1～2人份）

橄欖油：
1大匙

法式高湯粉：
1小匙

紅辣椒（切成
小段）：適量

蒜泥：
1小匙

馬鈴薯：2顆（去皮，
以滾刀切成塊）

小香腸：適量
（斜刀切成兩半）

● 平底鍋　　■ 微波爐

POINT!

● 不要一直翻動馬鈴薯，讓
馬鈴薯的表面煎到上色！

1

將馬鈴薯放入耐熱
碗，再封一層保鮮膜，
微波4分鐘。

2

將橄欖油倒入平底鍋
熱油，再倒入蒜泥、步
驟1的食材、小香腸、
紅辣椒與法式高湯粉
拌炒。

烹調
TIPS

馬鈴薯要挑表面顏色均勻，摸起來乾乾
的，而且沒有發芽的。

究極的
隨性料理！

NO.
010

明太子奶油烏龍麵

材料（1人份）

冷凍烏龍麵：
1球（200公克）

明太子：
20公克（去除
薄膜再拆散）

麵味露：
2大匙

奶油：10公克

🔲 微波爐

POINT!

● 可視個人口味調整明太子的
　份量，或者灑上海苔絲或是
　大量的蔥花。

1

將所有的食材倒入耐
熱碗。

2

封上一層保鮮膜，微
波4分鐘，然後再攪拌
均勻。

全新型態的
炒飯！

NO.
011

利用杯麵
煮一杯炒飯

材料（1人份）

白飯：
200公克

日清杯麵：
1個

水：100毫升

蛋液：
1顆量

麻油：1大匙　蔥花：1大匙

🍳➡ 平底鍋

POINT!

● 可視個人口味選擇杯麵
的風味。

1 先將泡麵倒入袋子裡
面，再以擀麵桿拍碎。

2 將步驟1的食材與水倒
入平底鍋，接著再以中
火加熱。

3 煮到水分稍微揮發
後，倒入白飯、麻油、
蔥花與蛋液拌炒。

4 將炒飯倒回杯麵的杯
子塑形，再將食材扣
在盤子上就完成了。

烹調
TIPS

即使是簡單的料理，若在裝盤上花點巧
思，吃起來也會更開心喔！

29

NO. 012

平底鍋煎
法式吐司

可以讓吐司在平底鍋裡面浸泡蛋液！

事後的收拾
也很簡單！

超
受
歡
迎
的
菜
單

材料（1人份）

奶油：
10公克　　雞蛋：1顆　　砂糖：
　　　　　　　　　　　　　2大匙　　　　　●─ 平底鍋

吐司（4片
裝）：1片

牛奶：4大匙

POINT!

●吐司可依個人喜好選擇適當的
　厚度。也可以淋上香草冰淇淋
　或是蜂蜜。

1 在平底鍋塗奶油。

2 將雞蛋、牛奶、砂糖倒入步驟**1**
的平底鍋，攪拌均勻。

烹調
TIPS

3 將吐司浸泡在步驟**2**的食材之
中，再把吐司翻面。

4 確定吐司吸飽湯汁之後，以中火
加熱，同時不斷地翻面，直到兩
面都煎得金黃酥脆為止。

奶油若是換成芥花油，風味會變得更加清爽。

大量消耗
牛奶！

NO.
013

微波牛奶布丁

材料（3～4人份）

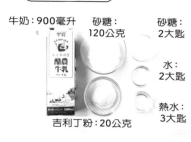

牛奶：900毫升　砂糖：120公克　砂糖：2大匙

水：2大匙

熱水：3大匙

吉利丁粉：20公克

⬤ 平底鍋　　▣ 微波爐

POINT!

- 先讓1公升的牛奶留下100毫升備用（因為冷卻凝固的時候會膨脹）。
- 冰透的牛奶倒紙盒之後，經過攪拌會更快凝固！

1 將500毫升的牛奶、120公克的砂糖與吉利丁粉拌勻，然後再微波3分鐘。

2 將步驟**1**的食材倒回牛奶的紙盒裡面，再放入冰箱冷藏，等待食材凝固。

3 依照圖片的方式畫出刀口，之後就比較容易取用。

焦糖醬的製作方法

將2大匙砂糖與水倒入平底鍋，再以中火加熱至砂糖變成焦糖色後，關火，然後緩緩倒入熱水（一定要慢慢倒，不然高溫的糖漿會往上噴）。

拿出1%幹勁就好

PART

02

肉

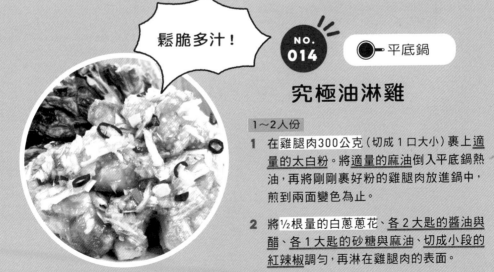

鬆脆多汁！

NO. 014

 平底鍋

究極油淋雞

1～2人份

1　在雞腿肉300公克（切成 1 口大小）裹上適量的太白粉。將適量的麻油倒入平底鍋熱油，再將剛剛裹好粉的雞腿肉放進鍋中，煎到兩面變色為止。

2　將½根量的白蔥蔥花、各 2 大匙的醬油與醋、各 1 大匙的砂糖與麻油、切成小段的紅辣椒調勻，再淋在雞腿肉的表面。

肉・雞腿肉

平底鍋

NO.
015
惡魔炸雞

1～2人份

1 將300公克的雞腿肉（切成一口大小）、2大匙麵味露、1大匙美乃滋、各2小匙的薑泥與蒜泥倒入袋子。經過適當的揉醃之後，倒入3大匙太白粉，均勻裹在雞腿肉表面。

2 將適量的天婦羅花裹在步驟1的雞腿肉上面。將3大匙油倒入平底鍋熱油後，煎到雞腿肉完全熟透為止，再撒上青海苔粉調味。

天婦羅花也很酥脆！

POINT!
可以先將天婦羅花撒在容器，會比較容易裹在雞腿肉表面。

蔥香四溢！

平底鍋

NO.
016
正統的鹽蔥炸雞

1～2人份

1 先將300公克的雞腿肉（切成一口大小）、各1大匙的美乃滋·酒、各少許的鹽·胡椒倒入袋子裡面。經過適當的揉捏之後，放進冰箱冷藏10分鐘。

2 將各3大匙的麵粉與太白粉拌勻，再裹在雞腿肉表面。將3大匙的油倒入平底鍋熱油後，以半煎半炸的方式，煎到雞腿肉熟透為止。

3 將5公分的白蔥（切末）、1小匙的雞高湯粉、1大匙的麻油調勻後，淋在雞腿肉表面。

POINT!
在麵粉加點太白粉，可煎出更加酥脆的口感

辣得有點舒服
的微辣

平底鍋

微波爐

NO. 017
洋釀
起司炸雞

`1～2人份`

A 韓式辣椒醬‧蕃茄醬‧醬油‧味醂‧麻油‧砂糖各1大匙、蒜泥1小匙

1 在200公克的雞腿肉（切成一口大小）撒上少許的鹽與胡椒，再裹上適量的太白粉。

2 將3大匙的油倒入平底鍋熱油，再將步驟1的雞腿肉放入鍋中，以半煎半炸的方式煎5分鐘。

3 將雞腿肉取出來，倒入食材**A**。加熱後，倒入雞腿肉，再讓醬汁包覆雞腿肉。最後撒入適量的白芝麻。

4 將1片起司片與1小匙牛奶倒入盤中，封一層保鮮膜，再微波10秒。最後將醬汁淋在雞腿肉上面。

享受這盤
大餐！

微波爐

NO. 018
濃郁起司的
卡波納拉義大利麵

`1～2人份`

1 將100毫升的牛奶、2小匙的法式高湯粉、1大匙的美乃滋倒入耐熱盤。調勻後，倒入300公克的雞腿肉（切成一口大小）、4片培根（切成1公分寬），讓這些食材泡在調味液之中。封上一層保鮮膜，再微波6分鐘。

2 倒入2大匙起司粉、1顆雞蛋、各少許的鹽與胡椒。拌勻後，封上一層保鮮膜，再微波1分30秒。

POINT!
食材浸在調味液就會入味，如果不打算浸調味液，可先微波6分鐘，再將雞腿肉放回去。

PART 02

肉‧雞腿肉

烹調 TIPS

雞腿肉的脂肪較多，味道較為濃厚，口感也較為紮實，也有很多鮮美的肉汁。

肉・雞腿肉

蒜味
強烈鮮明！

NO.
019

蒜味脆炸雞

1～2人份

1　將300公克的雞腿肉（切成一口大小）、1大匙雞高湯粉、1小匙蒜泥倒入袋子裡，再適度揉醃。

2　在雞腿肉裹上些許太白粉。將少許麻油倒入平底鍋熱油，然後將雞腿肉放入鍋中煎熟。

POINT!　裹上太白粉，再煎到酥脆的口感。

平底鍋

居酒屋風味！

NO.
020

鹽蔥炸雞

1～2人份

1　在300公克的雞腿肉（切成一口大小）、裹上些許太白粉。將少許的油倒入平底鍋熱油，再將雞腿肉倒入鍋中煎熟。

2　將10公分白蔥（切末）、2大匙麻油、1小匙雞高湯粉調勻，再淋在肉上面。

平底鍋

雞腿肉的鮮美
整個溢出來！

NO.
021

極上雞腿叉燒

1～2人份

1　將300公克雞腿肉、各3大匙的砂糖·醬油·酒、1大匙的美乃滋倒入耐熱碗，再攪拌均勻。

2　封上保鮮膜之後，微波3分鐘。將雞腿肉翻面，再微波3分鐘。等待餘熱散去，再切成適當的厚度。

POINT!　可保存2天左右。可當成麵食的配料。換成雞胸肉會更健康。

微波爐

材料
只有四種！

惡魔起司
辣炒雞

NO.
022

1～2人份

1. 將300公克雞腿肉（切成一口大小）、⅛顆高麗菜（切成一口大小）、6大匙燒肉醬倒入耐熱碗。攪拌均勻後，封上一層保鮮膜再微波8分鐘。

2. 盛入耐熱盤之後，適量鋪上披薩專用起司，再微波1～2分鐘。

微波爐

世界第一簡單！

NO.
023

聖誕雞排

1～2人份

1. 將各2大匙的砂糖・醬油、各1大匙的味醂・美乃滋倒入耐熱碗攪拌均勻，再倒入300公克的雞腿肉，讓雞腿肉兩面醃到均勻入味。

2. 封上一層保鮮膜，微波3分鐘。讓肉翻面後，再微波3分鐘。

POINT!
在調味料加入美乃滋，風味會變得更醇厚，雞腿肉也會更軟嫩多汁。

微波爐

烹調
TIPS

耐熱盤能大量節省時間。微波一下，就能直接端上餐桌，也很容易收拾！

蕃茄燉
整支雞腿

NO.
024

1～2人份

1. 將300公克的雞腿肉（切成一口大小）、切塊蕃茄罐頭1罐（400公克）、2小匙法式高湯粉倒入耐熱碗再攪拌均勻。

2. 封上一層保鮮膜，微波4分鐘。重新攪拌一次再微波4分鐘。

POINT! 先攪拌再分兩次微波，就能避免加熱不均勻的問題，也會比較入味。

超正統的
風味

微波爐

NO.
025

糖醋美乃滋脆炸雞

平底鍋

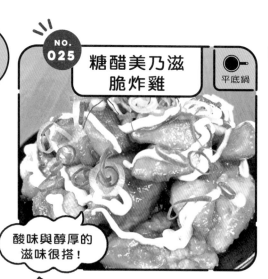

酸味與醇厚的滋味很搭！

1～2人份

A 醬油、醋：各2大匙
酒、味醂、砂糖：各1大匙

1 在300公克的雞腿肉（切成一口大小）裏上2大匙的太白粉。將2大匙的麻油倒入平底鍋熱油，再將雞腿肉倒入平底鍋煎熟。

2 將調勻的食材**A**淋在步驟1的食材上，再煮到湯汁稍微收乾。盛盤後，淋上適量的美乃滋即可。

POINT! 將肉煎到上色與酥脆之後，再加調味料。

同時微波加熱！

雞腿肉蔥串風味的下酒菜

NO.
026

微波爐

1～2人份

1 在150公克的雞腿肉（切成一口大小）裏上1大匙的太白粉。

2 將各2大匙的醬油・味醂、1大匙的砂糖倒入容器拌勻，再倒入½根的白蔥（約40公克，切成3～4公分寬）與步驟1的食材。

3 封一層保鮮膜再微波3分鐘。攪拌均勻後，再微波3分鐘。

NO.
027

夏季時蔬燉雞腿肉

電子鍋

用電子鍋煮成鬆軟口感

1～2人份

1 將切塊蕃茄罐頭1罐（400公克）、1大匙法式高湯粉倒入電子鍋內鍋拌勻。

2 以雞皮朝下的方向將300公克的雞腿肉放入電子鍋，再放入1根茄子（滾刀切塊），然後以一般的方式煮飯。

 POINT! 彼此融在一起的茄子與蕃茄非常對味，有機會請大家務必試試。

義式香蒜風味

德式 馬鈴薯雞肉
NO. 028

1～2人份

1 將去皮的2顆馬鈴薯（滾刀切塊）放入容器，再封上一層保鮮膜，微波6分鐘。

2 將1大匙的橄欖油倒入平底鍋熱油，再倒入150公克的雞腿肉（切成一口大小）與1小匙的蒜泥拌炒。

3 雞腿肉炒熟後，倒入1大匙的法式高湯粉與適量的紅辣椒（切成小段）拌炒。

平底鍋

微波爐

NO. 029

照燒雞腿

微波爐

1～2人份

1 在300公克的雞腿肉裹上1大匙太白粉。

2 將各2大匙的醬油・砂糖・味醂、1大匙的美乃滋倒入容器攪拌，再讓醬汁均勻沾附於雞腿肉表面，然後以雞皮朝下的方向將雞腿肉放入容器裡。

3 封上一層保鮮膜，微波3分鐘，翻面後，再微波3分鐘。

POINT! 微波後，可等待餘熱散去再開動。

不用開火！

白醬 綠花椰菜雞肉
NO. 030

1～2人份

1 將150公克的雞腿肉與1棵綠花椰菜（250公克）切成一口大小。

2 將步驟1的食材、各100毫升的牛奶與清水、1塊白醬料理塊（18公克）倒入容器。

3 封上一層保鮮膜，微波4分鐘。攪拌一次之後，再微波4分鐘。

POINT! 這道食譜使用了「好侍北海道白醬料理塊」。

用料理塊增加味道層次

微波爐

烹調
TIPS

微波爐的汙垢若是利用吸飽小蘇打水的毛巾擦拭，就能一下子擦乾淨。

肉・雞腿肉・雞胸肉

微波爐

只用橘醋醬與
麵味露調味

茄子涼拌雞腿肉

1～2人份

1 先將150公克的雞腿肉與1根茄子切成一口大小，再放入袋子裡。

2 將1大匙太白粉倒入步驟1的袋子裡，再抖一抖袋子，讓太白粉均勻裹在雞腿肉表面。

3 將2大匙橘醋醬、1大匙麵味露倒入容器調勻，再倒入步驟2食材，讓調味料均勻巴附。

4 封上一層保鮮膜微波3分鐘。攪拌之後，再微波3分鐘。

台灣巨無霸炸雞

平底鍋

整塊雞胸肉
超級豪邁！

1～2人份

1 將300公克的雞胸肉（去皮、剖開，讓厚度變得一致）、2大匙醬油、各1小匙蒜泥與薑泥倒入袋子裡。經過揉醃之後，靜置10分鐘。

2 裹上3大匙的太白粉之後，將3大匙的油倒入平底鍋熱油，再將雞胸肉放入鍋中，以半煎半炸的方式煎熟。

POINT!
為了讓整片雞胸肉都熟透，要利用菜刀切開較厚的部分。

完全不用炸的炸雞！

平底鍋

酥脆的口感！

1～2人份

A 3大匙酒、各1大匙的鮮味調味料與美乃滋、各1小匙的法式高湯粉與中式高湯粉

B 各2大匙的太白粉與麵粉、各1大匙的黑胡椒與鮮味調味料

1 利用叉子在250公克的雞胸肉（去皮）戳出一些孔洞，再切成炸雞般的大小。

2 將雞胸肉放入袋子裡，再倒入食材A揉醃，然後醃製30分鐘。

3 調勻食材B，再裹在步驟2的雞胸肉表面。

4 將3大匙的油倒入平底鍋加熱，接著放入步驟3的雞胸肉，油煎4分鐘，並不斷翻面。

NO. 034 酥脆雞肉條

平底鍋

最棒的下酒菜！

1～2人份

1 將300公克的雞胸肉（去皮、切成1公分寬的條狀）與1大匙美乃滋、2大匙鮮味調味料、1小匙蒜泥拌在一起，靜置10分鐘。

2 將各3大匙的麵粉與太白粉拌在一起，再裹在步驟1的雞胸肉表面。將3大匙的油倒入平底鍋熱油後，放入雞胸肉，再以半煎半炸的方式煎熟。

POINT!
建議吃的時候沾點鹽或胡椒。

NO. 035 無限雞胸肉佐糖醋蔥醬

微波爐

利用微波爐做出軟嫩的口感

1～2人份

Ａ 白蔥10公分（切末）、醬油．醋．麻油．砂糖各1大匙

1 將300公克的雞胸肉（去皮）、3大匙的酒、1大匙的美乃滋、1小匙的雞高湯粉倒入耐熱碗拌勻。

2 封上一層保鮮膜微波3分鐘。讓雞胸肉翻面後，再微波3分鐘。

3 待餘熱退散後，切成適當的厚度，再淋上事先調勻的食材Ａ。

POINT! 在雞胸肉加熱的時候加點美乃滋，可避免雞胸肉變得乾柴。

NO. 036 雞肉條

平底鍋

利用半煎半炸的方式快速做出炸雞

1～2人份

1 將300公克的雞胸肉（去皮，切成1公分寬的條狀）、各1大匙的美乃滋．雞高湯粉、1小匙的蒜泥倒入袋子再揉醃。

2 沾裹適量的麵包粉，同時輕輕地壓緊麵包粉。在平底鍋倒入高度約5公釐的油，再將雞胸肉放入鍋中，以半煎半炸的方式煎熟。

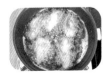

POINT!
建議沾塔塔醬一起吃！

烹調
TIPS

如果想讓雞胸肉變軟，水煮到沸騰之後，關火，蓋上鍋蓋，靜置8～10分鐘！

肉・雞胸肉

NO.
037
極上口水雞

微波爐

直擊腦門的
辣度！

1～2人份

Ａ｜2大匙的蔥花、各1大匙的醬油·醋·辣油

1 將300公克的雞胸肉（去皮）、3大匙的酒、1
大匙的美乃滋倒入耐熱碗，再攪拌均勻。

2 封上一層保鮮膜微波3分鐘。讓雞胸肉翻面
之後，再微波3分鐘。

3 待餘熱退散後，切成適當的厚度以及淋上預
拌的食材Ａ。

POINT! 如果愛吃辣的話，可以鋪點辣椒絲。

NO.
038
惡魔海苔鹽
雞肉條

平底鍋

一吃就會上癮

1～2人份

1 將300公克的雞胸肉（去皮，切成1公分寬的
條狀）與1大匙的美乃滋、1小匙的雞高湯粉
拌在一起之後，靜置10分鐘。

2 將各3大匙的麵粉、太白粉與1大匙的青海苔
粉拌勻，再裹在步驟1的雞胸肉表面。

3 將3大匙的油倒入平底鍋熱油，再以半煎半
炸的方式煎熟雞胸肉。

POINT!

可視個人口味撒鹽或淋
點檸檬汁增加風味。

NO.
039
鹽味
雞胸肉叉燒

微波爐

簡單又美味！

1～2人份

1 將3大匙的酒、各1大匙的雞高湯粉與美乃
滋、1小匙的蒜泥倒入耐熱碗。攪拌均勻之
後，放入300公克的雞胸肉，再讓調味料均勻
沾裹在雞胸肉的表面。

2 封上保鮮膜微波3分鐘。替雞胸肉翻面後，微
波3分鐘。待餘熱散去，切成適當的厚度。

POINT!

最好以雞皮朝下的方向
放入微波爐加熱（也可
以先去皮再加熱）。

利用手邊的材料
就能做！

用橘醋醬調出
清爽風味

NO. 040 酥脆炸雞佐簡易辣醬

1～2人份

1 將1大匙的太白粉裹在300公克的雞胸肉（切成一口大小）表面。將1大匙的油倒入平底鍋熱油，再將雞胸肉放入鍋中油煎。

2 將各1大匙的辣油·蕃茄醬、2大匙的砂糖、3大匙的醋調勻，再淋在步驟1的雞胸肉表面。

POINT! 利用辣油重現乾燒蝦仁的辣味。

NO. 041 酥脆雞胸肉炸雞

1～2人份

1 將3大匙的橘醋醬、1小匙的蒜泥調勻，再與300公克的雞胸肉（切成一口大小）拌勻。靜置10分鐘。

2 瀝乾步驟1的雞胸肉之後放入袋子，再將4大匙的太白粉裹在雞胸肉表面。在平底鍋倒入適量的油加熱後，放入雞胸肉煎熟。

POINT! 可視個人口味，沾著美乃滋或是一味辣椒粉大快朵頤。

NO. 042 無限鹽蔥雞胸肉

1～2人份

A 白蔥10公分（切末）、1小匙雞高湯粉、2大匙麻油、各少許的鹽與胡椒

1 將300公克的雞胸肉（去皮）、3大匙的酒、1大匙的美乃滋倒入耐熱碗攪拌均勻。

2 封上一層保鮮膜微波3分鐘。讓雞胸肉翻面後，再微波3分鐘。

3 待餘熱退散，切成適當的厚度再淋上事先調勻的食材**A**。

POINT! 利用微波爐加熱，能讓容易乾柴的雞胸肉保有軟嫩的口感與肉汁。

鹽蔥醬恰到好處的
鹹味實在太棒了！

平底鍋

重現魅惑人心的
滋味！

酥脆
超商炸雞

2人份

1　將300公克的雞胸肉（切成4等分）、<u>3大匙的酒</u>、各1大匙的雞高湯粉與美乃滋倒入袋子。經過揉醃之後，放入冰箱冷藏15分鐘。

2　將各2大匙的太白粉、<u>麵粉</u>拌勻，裹在步驟**1**的雞胸肉表面。

3　<u>3大匙的油</u>加熱後，雞胸肉每面煎4分鐘。

POINT!　不要一直翻動肉，要等到兩面煎出顏色，裡面也熟透為止。

糖醋雞胸肉

微波爐

用微波爐做出
風味清爽的芡汁

1～2人份

1　將300公克去皮的雞胸肉切小塊，放入袋子。

2　將<u>1大匙的太白粉</u>倒入步驟**1**的袋子，再搖晃袋子，讓太白粉均勻沾裹在雞胸肉表面。

3　將2大匙的<u>醬油</u>、各1大匙的醋·味醂·砂糖倒入容器拌勻，放入步驟**2**，均勻沾裹醬汁。

4　封上一層保鮮膜微波3分鐘。攪拌均勻後，再微波3分鐘。

POINT!

也可以加點生菜或白芝麻增加風味。

韓式雞胸肉
海帶芽涼拌菜

微波爐

1～2人份

1　將150公克的雞胸肉放入耐熱碗，再淋上<u>2大匙的酒</u>，封上一層保鮮膜微波3分鐘。

2　倒掉醬汁，再將雞胸肉拆成絲。

3　將1大匙的乾燥海帶芽與適量的水倒入容器，封上一層保鮮膜微波1分鐘，讓乾燥海帶芽泡發。

4　將步驟**2**、**3**的食材拌在一起。待餘熱退散後，拌入<u>2大匙的麻油</u>與½大匙的雞高湯粉。

成本最低也
很美味

NO. 046 鹽味豆腐雞肉丸

平底鍋

高蛋白質與
低脂的組合！

2人份

1 將200公克的雞胸絞肉、150公克的絹豆腐、1大匙的雞高湯粉、1小匙的薑泥倒入袋子裡，攪拌均勻。

2 倒入2大匙的太白粉，攪拌到出現黏性之後，攤平食材，再於正反兩面各貼一瓣紫蘇。

3 將適量的麻油倒入平底鍋，煎到兩面上色。

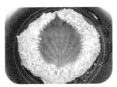

POINT!
可視個人口味打顆生雞蛋、淋點橘醋醬再享用。

NO. 047 蛋黃滿溢雞肉丸炸彈

平底鍋

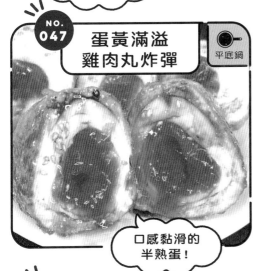

口感黏滑的
半熟蛋！

2～3人份

Ａ 醬油・酒・味醂各1大匙、
砂糖1小匙

1 將5顆雞蛋（放至室溫）放入滾水煮5分30秒，再拿出來放入冷水降溫以及剝殼。

2 將400公克的雞胸絞肉、2大匙的太白粉倒入袋子攪拌，再均勻包裹在步驟1食材表面。

3 將適量的油倒入平底鍋熱油，再將步驟2的食材放入，煎到表面上色，再淋上食材Ａ。

POINT! 煎到表面酥脆與上色之後，再倒入調味料。

NO. 048 清蒸白菜雞肉丸

微波爐

交給微波爐
就行了！

2～3人份

1 將300公克的雞胸絞肉、2小匙的雞高湯粉、1小匙的薑泥、1大匙的太白粉倒入袋子裡面攪拌均勻，再將雞胸絞肉捏成丸子狀。

2 將⅛顆的白菜（切塊）鋪在耐熱盤底部，再將步驟1的食材排在上面。封上一層保鮮膜微波8分鐘。再均勻淋入適量的橘醋醬。

POINT!
可視個人口味搭配不同的佐料享用。

肉
·
雞絞肉

NO.
NO. 049 起司雞肉丸

平底鍋

2人份

1 將200公克的雞胸絞肉與1大匙的太白粉拌在一起。

2 將2條牽絲起司條插在衛生筷上面,再利用步驟1的食材裹住表面。

3 將適量的油倒入平底鍋熱油後,放入步驟2的食材油煎。拌入各1大匙的醬油·酒·味醂以及1小匙的砂糖,再煮到湯汁稍微收乾為止。

牽絲起司超美味!

POINT!
不一定要將起司插在衛生筷上面。

NO. 050 居家版正統雞塊

平底鍋

2人份

1 將300公克的雞絞肉(雞胸肉、雞腿肉的比例各一半)、各1大匙的酒·美乃滋、1顆雞蛋、各少許的鹽與胡椒倒入大碗攪拌均勻。

2 將3大匙的太白粉與2大匙的麵粉拌入步驟1的碗,再將食材捏成一口大小的形狀。

3 將3大匙的油倒入平底鍋熱油,再將步驟2的食材放到鍋中,以半煎半炸的方式煎熟。

小孩也超愛吃!

POINT! 捏成不規則形狀的話,就能突顯手工製作的質感。炸成酥脆的金黃色,再視個人口味沾蕃茄醬享用。

微波爐

NO. 051 養生和風漢堡排

1～2人份

1 將300公克的雞絞肉分成2等分,再捏成漢堡排的形狀。

2 將各5大匙的麵味露、味醂倒入容器再調勻。

3 將步驟1的食材放入步驟2的容器,封上一層保鮮膜微波5分鐘。翻面後,再微波3分鐘。

利用雞絞肉節省餐費

POINT! 讓步驟2的醬汁淹到步驟1的食材一半高度再微波,就能充分入味。

肉
·
雞
絞
肉
·
雞
翅
膀
小
腿

只需要攪拌與
微波加熱

NO. 052 簡易版
雞肉燥

微波爐

2～3人份

將150公克的雞絞肉、各2大匙的醬油·味醂、1大匙的砂糖、½小匙的薑泥倒入耐熱碗拌勻，封上一層保鮮膜微波4分鐘，再稍微打散雞肉燥即可。

POINT! 與蛋黃、蔥花一起鋪在白飯上面，就是一道即食肉燥丼！

NO. 053 燉到透的
雞翅膀小腿

微波爐

2人份

1 將10支雞翅膀小腿（先以叉子戳洞）放入耐熱碗，然後再拌入各3大匙的燒肉醬、醬油與砂糖。

2 封上一層保鮮膜微波5分鐘。翻面後，再微波5分鐘。

POINT! 在雞翅膀小腿表面戳洞，可快速入味。

世界第一快
完成的料理！

NO. 054 甜辣
雞翅膀小腿

微波爐

2～3人份

1 利用叉子在8支雞翅膀小腿戳出多個洞。

2 將1大匙的太白粉裹在步驟**1**的食材表面。

3 將各3大匙的醬油、酒、砂糖倒入容器攪拌均勻，再裹在步驟**2**的食材表面。

4 封上一層保鮮膜微波5分鐘，翻面後，再微波5分鐘。

POINT! 微波後，可放入水煮蛋，然後沾著醬汁一起吃。

迅速煮出油油亮亮
的雞翅膀小腿

烹調
TIPS

先將用完的餐具泡在溫水裡面，之後就會很容易清洗。

47

肉
・
雞
翅
膀
小
腿
・
雞
翅
膀

電子鍋

按下一個開關
就完成！

微波爐

電烤箱

只要放著不管，
就能煮出正統風味

平底鍋

一個鍋子就搞定

NO.
055

淡味
雞翅膀小腿

2～3人份

1　利用叉子在8支雞翅膀小腿戳一些洞。

2　將100毫升的麵味露、各50毫升的橘醋醬與清水、1小匙的薑泥倒入電子鍋內鍋再拌勻。

3　將步驟1的食材倒入步驟2的鍋中，再以鋁箔紙當落蓋，然後以一般的方式煮飯。

POINT!　飯煮好之後，可放入水煮蛋，保溫10分鐘，就能煮出滷蛋！

NO.
056

洋釀
雞翅膀

1～2人份

1　將8支雞翅膀倒入袋子，裹上1大匙太白粉。

2　將步驟1的食材排在鋁箔紙上面，再適量地抹上一層薄薄的麻油。

3　放入電烤箱烤7分鐘，翻面後，再烤7分鐘。

4　在容器裡拌勻各1大匙的韓式辣椒醬、燒肉醬、蕃茄醬、砂糖，再微波1分鐘。

5　將步驟4的醬汁抹在步驟3的食材上。

NO.
057

酥脆甜辣
雞翅膀

1～2人份

A　醬油・味醂・酒各2大匙、砂糖1大匙、蒜泥1小匙

1　在8支雞翅膀裹上1大匙太白粉。

2　將2大匙的油倒入平底鍋熱油，再將步驟1的食材煎到酥脆為止。

3　調勻食材A，再淋在步驟2的食材上，接著加熱直到醬汁收乾為止。

難以置信的
軟嫩口感

微波爐

NO.
058

燉到透的
雞翅膀

2人份

1 將各3大匙的醬油・味醂、2大匙砂糖拌入耐熱碗，再倒入8支雞翅膀，讓醬汁巴附表面。

2 封上一層保鮮膜微波5分鐘。翻面後，再微波5分鐘。

POINT!
可視個人口味撒點黑胡椒或芝麻。

鬆軟美味

平底鍋

NO.
059

雞柳條

1～2人份

1 先將4條雞柳剖成兩半。

2 將各1大匙的雞高湯粉・美乃滋、1小匙的蒜泥、3大匙的酒拌在一起，再將步驟1的食材放進去，醃漬10分鐘。

3 將各3大匙的麵粉與太白粉拌勻。接著均勻裹在從醬汁拿出來的雞柳表面。

4 以適量的油將雞柳炸到酥脆熟透為止。

清爽的
健康滋味！

微波爐

NO.
060

無限
蔥鹽雞柳

1～2人份

1 將2條雞柳、1大匙酒拌入耐熱碗，封上一層保鮮膜微波3分鐘。

2 將雞柳拆成雞絲，再拌入適量的蔥花、2大匙麻油、各少許的鹽與胡椒。

POINT!
雞柳可在微波之後，倒掉湯汁，再以筷子拆成雞絲。

烹調
TIPS

使用平底鍋刷子或是鉤針刷布這些道具，就能輕鬆地收拾善後。

微波爐

讓人一吃
就上癮的口感！

NO.
061

微辣涼拌
小黃瓜雞柳

1～2人份

1　將2條雞柳、1大匙酒倒入耐熱碗。拌勻後封上保鮮膜微波3分鐘，再將雞柳拆成雞絲。

2　將1根小黃瓜（切掉蒂頭）倒入袋子裡，再以擀麵棍拍裂。

3　將步驟1的食材、2大匙麻油、1小匙豆瓣醬、½小匙雞高湯粉倒入步驟2裡再攪拌均勻。

POINT!　可視個人喜好撒點黑胡椒或芝麻。

平底鍋

味道濃厚、
口感綿滑

惡魔酪梨起司
豬五花捲

NO.
062

1～2人份

1　將1顆酪梨（去皮去籽，切成8等分）包在4片起司（切成兩半）裡面，再以150公克的豬肉片包在外面。

2　將步驟1的食材放入平底鍋乾煎，再拌入各1大匙的醬油與砂糖。

POINT!　使用鐵氟龍塗層的平底鍋。利用豬五花肉本身的油脂煎熟豬肉。

NO.
063

無上幸福的
豬五花鹽蔥奶油鍋

1～2人份

1　將300毫升的水、1大匙的雞高湯粉倒入鍋中，再攪拌均勻。倒入¼顆的高麗菜（切塊）、1根白蔥（斜刀切成薄片）。

2　將200公克的豬五花肉片攤開，放入鍋中，再於上面放1塊10公克的奶油。

3　煮熟後，均勻淋入1大匙的麻油。

POINT!　攤開每片豬五花肉片，再鋪在蔬菜上面。

一下子就會
被吃光的珍饈！

不敢相信是
微波加熱的！

NO. 064 無水 豬五花蘿蔔

微波爐

1～2人份

1 將10公分的白蘿蔔（刨去較厚的外皮，再切成5公釐寬的銀杏狀）、150公克的豬五花肉片（切成一口大小）、各3大匙的麵味露·燒肉醬倒入耐熱碗。

2 封上一層保鮮膜微波5分鐘。拿出來攪拌均勻後，再微波5分鐘。

POINT! 白蘿蔔切成薄片比較容易入味。肉片攤平後再放入鍋中，受熱比較均勻。

NO. 065 惡魔豬五花 味噌奶油鍋

1～2人份

將300毫升的水、2大匙的味噌、1大匙的雞高湯粉倒入鍋中拌勻，再加入⅛顆的白菜。將200公克的豬五花肉片攤開放入鍋中，再放10公克的奶油，加熱直到食材煮熟為止。

POINT! 可視個人口味淋上辣油與白芝麻。

讓味蕾無限
滿足的濃厚滋味

NO. 066 捲捲叉燒

微波爐

2～3人份

1 將400公克的豬五花肉片捲起來，再裹上適量的太白粉。

2 調勻各3大匙的砂糖·醬油·酒與1大匙的美乃滋。

3 將步驟1、2倒入容器，封上保鮮膜微波3分鐘。翻面後，再微波3分鐘。最後切成小塊。

POINT! 從包裝取出豬五花肉片之後，在豬五花肉片稍微重疊的狀態下開始捲。

利用豬五花
快速完成！

烹調
TIPS

雞柳的特徵在於脂肪較少、口感較為軟嫩，是非常清爽的滋味。

51

肉・五花肉

NO. 067

豬五花
紫蘇起司捲

紫蘇的香氣
很高雅清爽

平底鍋

2～3人份

1 在400公克的豬五花肉片上面鋪12瓣紫蘇以及6根起司棒,再將豬五花肉片捲起來。

2 將1大匙的太白粉裹在食材上,再將1大匙的油倒入平底鍋加熱。

3 調勻各1大匙的醬油、酒、味醂與砂糖,再均勻淋入鍋中。

POINT! 將4～5片肉片攤平再疊在一起後,依序鋪上2瓣紫蘇與起司棒,然後捲起來。總共要捲6根。

NO. 068

紅燒
奶油山藥豬肉

平底鍋

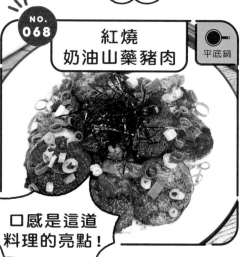

口感是這道
料理的亮點!

1～2人份

A | 8公克的奶油、 2大匙的醬油、
1大匙的酒、 2小匙的砂糖、 1小匙的蒜泥

1 在200公克的山藥(去皮,切成1.5公分寬的片狀),裹上1大匙的太白粉。將2大匙的油倒入平底鍋加熱,再將食材排入鍋中,以大火煎到變色為止。

2 倒入100公克的豬五花肉片,再拌入食材**A**。盛盤後,撒一些海苔絲與蔥花。

POINT! 利用刨皮器會比較容易刨掉山藥的外皮。

NO. 069

豬五花
鹽蔥檸檬鍋

清爽的風味
讓人百吃不厭

1～2人份

1 將100毫升的水、2大匙的雞高湯粉倒入鍋中拌勻後,依序倒入¼顆白菜(切塊)、200公克的豬五花肉片、1根白蔥(切成蔥花)與2大匙麻油,再加熱。

2 食材煮熟後,放1顆檸檬(切片)。

POINT!
如果檸檬還有剩,可擠點檸檬汁,增加風味。

換成肉片
比較容易煮！

平底鍋煮
日式東坡肉

🍳 平底鍋

NO.
070

2～3人份

A | 100毫升的水、
各3大匙的醬油‧酒‧味醂‧砂糖

1 將400公克的豬五花肉片分開來，
再捲起來，接著裹上<u>1大匙太白粉</u>。

2 將<u>1大匙</u>的油倒入平底鍋加熱，再將
步驟**1**的食材煎到單面上色。

3 拌入食材**A**，再煮10分鐘。

POINT!

一邊翻面，一邊讓肉片煎出顏色。
也可以放入水煮蛋一起煮。

軟嫩多汁！

法式千層酥風味
炸豬排

🍳 平底鍋

NO.
071

2人份

1 讓400公克的豬五花肉片部分重疊
再捲起來。

2 依序裹上<u>適量</u>的麵粉、<u>**1顆量的蛋**</u>
<u>液與適量</u>的麵包粉。

3 將適量的油倒入平底鍋加熱，再將
豬五花肉片炸到金黃酥脆為止。

POINT!

在肉片疊在一起的狀態下捲起來。
在步驟**1**切成一口大小，就能當成
便當的配菜使用。

烹調
TIPS

豬五花肉的特徵是油脂較多、口感較柔軟，能煮出濃厚的滋味。

成癮度爆表！

🍳 平底鍋

加工起司 紫蘇肉捲

NO. **072**

1～2人份

1. 以適量的紫蘇包住100公克的加工起司（切成一口大小），再以200公克的豬五花肉片捲起來。

2. 調勻各1大匙的醬油、砂糖與1小匙的蒜泥。

3. 以平底鍋煎熟步驟**1**的食材後，轉成小火，然後再均勻淋入步驟**2**的食材。

POINT!
以1瓣紫蘇包住1片起司，再以肉片捲起來。如果使用的是鐵氟龍塗層的鍋子，就不需要另外加油。

只需要使用餃子皮！

🍳 平底鍋

NO. **073**

紫蘇起司 炸豬五花捲

2～3人份（8個量）

1. 將4片加工起司切成兩半。將100公克的豬五花肉片分成8等分。

2. 在1張餃子皮（共8張）鋪上1瓣紫蘇（共8瓣），接著依序疊上步驟**1**的豬五花肉片（⅛量）與1片起司片，然後將所有的食材捲起來。總共要做8捲。

3. 在平底鍋倒入高度約1公分的油。熱油後，放入步驟**2**的食材，炸到金黃酥脆為止。

POINT!
餃子皮很容易焦掉，所以要注意火候，同時要記得翻面。

也可以當成
便當菜

微波爐

NO. 074　照燒蘆筍肉捲

1～2人份

1　切掉5根蘆筍根部較硬的部分,再以刨皮刀刨掉距離根部5公分這段的硬皮。

2　將150公克的豬肉片分成等分,再捲在蘆筍表面,然後將1大匙的太白粉裹在食材表面。

3　在容器將各3大匙的醬油、砂糖與味醂拌勻,讓醬汁均勻巴附在步驟2的食材表面。

4　封上保鮮膜微波3分鐘,翻面後再微波1分鐘。

NO. 075　辛奇豆芽菜
炒豬肉

1～2人份

1　以清水沖洗200公克的豆芽菜,再將100公克的豬五花肉片與適量的泡菜切成方便入口的大小。

2　將適量的麻油倒入平底鍋加熱後,倒入豬五花肉片拌炒。

3　豬肉煮熟後,倒入豆芽菜與泡菜,再倒入1小匙的雞高湯粉與1小匙的蒜泥,快速拌炒。

簡單省錢!

平底鍋

越吃越有罪惡感
的一道料理

NO. 076　油煎起司
蘆筍肉捲

平底鍋

1～2人份

1　切掉5根蘆筍根部較硬的部分,再以刨皮刀刨掉距離根部5公分這段的硬皮。

2　將蘆筍與5片加工起司切成一半。

3　依序將起司→100公克的豬五花肉片(切成適當長度)包在蘆筍表面。

4　依序將適量麵粉→2顆量的蛋液→適量麵包粉裹在步驟3的食材表面。

5　在平底鍋倒入高度約1公分的油,熱油後,放入步驟4的食材,炸到金黃酥脆為止。

烹調
TIPS

整理冰箱也可以省時,例如可將常用的東西放在方便拿取的位置。

調味料只需
麵味露！

無水微波 馬鈴薯燉肉

NO. 077

1～2人份

1　將2顆馬鈴薯（去皮，切成一口大小）、½顆洋蔥（切成半月形）、150公克豬肉片、100毫升麵味露倒入耐熱碗。

2　封上一層保鮮膜微波12分鐘，再攪拌均勻。

微波爐

POINT!　為了受熱均勻，記得攤開每片豬肉，再放入耐熱碗。

瞬間就能做好的美味！

涼涮 辛奇生拌豬肉

NO. 078

1～2人份

1　先將150公克的豬肉片放入滾水汆燙。

2　將步驟1的食材與100公克的辛奇剁碎，再放入大碗。

3　將1大匙的麻油、各1小匙的醬油與砂糖拌入步驟2的大碗。盛盤後，打1顆蛋黃，再撒入適量的蔥花與白芝麻。

POINT!　廚房剪刀比較容易將豬肉與泡菜剪成碎塊。

NO. 079

青蔥豬肉佐 橘醋醬

1～2人份

1　先將150公克的豬肉片放入滾水汆燙。

2　拌入2大匙的橘醋醬、1大匙的麻油、步驟1的食材與½根的白蔥（切成蔥花）。

POINT!　可視個人口味追加蛋黃或白芝麻。

適合夏季的料理

只需要快速
拌一拌就完成了！

增強精力的
橘醋涼拌豬肉

NO.
080

1～2人份

1　先將150公克的豬肉片放入滾水汆燙。

2　將2大匙的燒肉醬、各1大匙的橘醋醬・麻油
以及1小匙的蒜泥調勻，再與步驟1的食材拌
在一起。

POINT!　豬肉先瀝乾，再與調味料拌勻。

利用美味的醬料
營造清爽的口味

青蔥甜醋豬肉

NO.
081

1～2人份

1　先將150公克的豬肉片放入滾水，快速汆燙
一下，再放入冰箱降溫。

2　將½根的白蔥（40公克，切成蔥花），與各2
大匙的醬油・醋・麻油及1大匙的砂糖拌勻。

3　步驟1放在生菜上面，再均勻淋入步驟2。

POINT!　鋪上辣椒絲可增加一點辣度。

烹調
TIPS

酥脆多汁

鹽味
炸豬肉片

NO.
082

1～2人份

1　將300公克的豬肉片、1大匙的雞高湯粉、1小
匙的蒜泥倒入袋子，再透過揉醃的手法讓豬
肉片均勻入味。

2　將4大匙的太白粉與2大匙的麵粉調勻，接著
均勻裹在豬肉片表面。

3　在較小的平底鍋倒入約1公分高的油，熱油
後，將步驟2的食材放入鍋中油炸。

平底鍋

肉・豬肉片・豬里肌

也可以一次做多一點備用

NO. 083 惡魔豬肉起司球

2～3人份

1 以200公克的豬肉片包成1包量的起司球（75公克），再以2大匙的太白粉裹在食材表面。

2 將1大匙的油熱油後，再將步驟1煎出顏色。

3 將各2大匙的醬油、味醂、砂糖均勻淋在所有食材上面，再煮到湯汁稍微收乾。

平底鍋

POINT! 這道料理也很適合添加美乃滋或一味辣椒粉。

可將食材換成高麗菜絲！

淡味豬肉高麗菜捲 NO. 084

1～2人份

1 將¼顆的高麗菜（200公克）（切絲）分成適當的份量，再分別以豬里肌肉片（200公克）捲起來。

2 將步驟1排入耐熱盤，再淋入3大匙麵味露。

3 封上一層保鮮膜微波5分鐘。

微波爐

POINT! 也可以沾橘醋醬吃！

很健康的味道，卻又吃得很飽！

春季高麗菜豬肉捲 NO. 085

1～2人份

1 將500毫升的水、6大匙的麵味露倒入鍋中。

2 倒入春季高麗菜（也可以是一般的高麗菜）¼顆（切絲），蓋上鍋蓋，煮到變軟為止。

3 將200公克的豬里肌肉片放入步驟2。煮熟後，即可包著高麗菜，沾橘醋醬享用。

POINT! 豬肉片可一片一片汆熟，再包著高麗菜吃。

NO. 086 簡易薑汁燒肉

微波爐

讓人不敢相信是微波加熱的美味

1～2人份

1 將200公克的豬里肌肉片、1小匙的太白粉倒入容器，再攪拌均勻。

2 拌入¼顆的洋蔥（切成半月形）、各1大匙的醬油‧砂糖與1小匙的薑泥。

3 封上一層保鮮膜微波2分鐘。攪拌之後，再微波2分鐘。

POINT!
包裹在豬肉表面的太白粉會替醬汁勾芡。

NO. 087 超特急辛奇豬肉

微波爐

省去一切多餘的步驟

1～2人份

1 將200公克的豬里肌肉片、100公克的辛奇、1大匙的麻油倒入容器拌勻。

2 封上一層保鮮膜微波2分半鐘。攪拌之後，再微波2分半鐘。

POINT!
可自行利用廚房剪刀將辛奇剪成碎塊。

NO. 088 蕃茄豬里肌

微波爐

多汁的口感

1～2人份

1 將1罐切塊蕃茄罐頭（400公克）、1大匙高湯粉、1小匙砂糖、1小匙蒜泥倒入容器拌勻。

2 將300公克的豬里肌肉倒入步驟1的容器，再封上一層保鮮膜微波8分鐘。

POINT!
如果步驟1的醬汁沒辦法完全淹過豬肉，可先微波4分鐘，再於翻面之後，微波4分鐘。

在洗碗盤的時候，從比較不髒的開始洗，會比較有效率！

NO.
089

醬煎厚切豬排

平底鍋

利用奶油增加
味道的層次

1～2人份

1 在2塊豬里肌肉（總計為340公克）裹上1大匙太白粉。

2 在燒熱的平底鍋放入10公克的奶油。奶油融化後，放入步驟1的食材，煎到表面變得酥脆為止。

3 調勻各1大匙的伍斯特醬・醬油、1小匙的砂糖、1小匙的蒜泥，再將醬汁淋在步驟2的食材上，然後煮到湯汁稍微收乾的地步。

POINT!
醬汁可改成中濃醬或是伍斯特醬。

NO.
090

牛舌風味鹽蔥豬里肌

平底鍋

截然不同的
口感？

1～2人份

1 先將2塊豬里肌（總計340公克）切成方便入口的大小。

2 在步驟1的食材表面裹上適量的太白粉。將適量的油倒入平底鍋熱油後，再將食材放入鍋中煎熟。

3 將10公分的白蔥（20公克、切成蔥花）、2大匙的麻油、1小匙的雞高湯粉拌勻。

4 將步驟2盛盤，再均勻淋入步驟3的食材。

POINT! 在豬里肌肉的表面劃出幾道刀口，會比較容易煮熟。

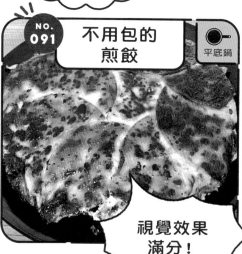

NO.
091

不用包的煎餃

平底鍋

視覺效果
滿分！

2～3人份

A ｜ 醬油・麻油各1大匙、
蒜泥・雞高湯粉各1小匙

1 將½把的韭菜（切成末）、⅛顆的高麗菜（切成末）、180公克的豬絞肉、食材**A**倒入大碗再攪拌均勻。

2 將適量的油倒入平底鍋熱油後，將適量的餃子皮鋪在鍋底，再將步驟1的食材均勻抹在上面，接著再於上層覆蓋餃子皮。

3 淋入約2大匙的水，蓋上鍋蓋，每面悶煎5分鐘即可。

NO. 092 紫蘇肉丸佐蛋黃

平底鍋

濃厚的
滋味

1～2人份（8個量）

1　將300公克的豬絞肉、2大匙的太白粉倒入袋子裡面，再攪拌均勻。

2　將步驟1的食材分成8等分，再捏成圓筒狀，然後分別以紫蘇葉（共計8瓣）包起來。

3　將適量的麻油倒入平底鍋熱油後，倒入步驟2的食材煎熟。將各1大匙的醬油、酒、味醂、砂糖調勻後，均勻淋入鍋中，再煮到醬汁稍微收乾為止。

4　將1顆蛋黃打在容器裡，再以煎熟的豬肉丸子沾著吃。

西式高麗菜蒸肉丸　NO. 093

微波爐

完全不會
弄髒手！

1～2人份

1　將300公克的豬絞肉、2小匙的法式高湯粉、1小匙的蒜泥、1大匙的太白粉倒入袋子拌勻。

2　將⅛顆的高麗菜（100公克）切成塊，再鋪在耐熱盤的盤底。

3　將步驟1的袋子剪出一個小孔，再將豬絞肉擠在步驟2的高麗菜上面。記得要擠成豬肉丸的形狀。封上一層保鮮膜微波8分鐘。

NO. 094　巨大肉丸

平底鍋

一個鍋子
就能煮好

1～2人份

1　將300公克的豬絞肉、2大匙的太白粉拌勻後，分成12等分，再捏成肉丸。

2　將適量的油熱油後，將步驟1的表面煎熟。

3　調勻各2大匙的蕃茄醬、酒、醬汁與砂糖，再均勻淋入鍋中，煮到醬汁稍微收乾為止。

POINT!
可一次做多一點，放進冰箱冷凍保存。

烹調
TIPS

最好把高麗菜先切掉芯，與吸飽水的廚房紙巾一起放進袋子，然後放進冰箱冷藏。

61

肉
．
豬
絞
肉
．
整
塊
豬
五
花

微波爐

快速煮出
綿滑口感

白醬絞肉
馬鈴薯

1～2人份

1 將1顆馬鈴薯（去皮，滾刀切塊）、100公克豬絞肉、1塊白醬料理塊（18公克）、各2大匙的牛奶與水倒入耐熱碗拌勻後，封上一層保鮮膜微波6分鐘。

2 攪拌均勻後，撒上披薩專用起司（50公克）再微波1分鐘。

POINT! 使用大一點的耐熱容器可避免食材溢出來！

平底鍋

利用牛油創造
豐厚滋味

豆芽菜
炒豬絞肉

1～2人份

1 將1塊牛油（沒有的話，換成1大匙的油）放入熱好的平底鍋，牛油完全融化後，倒入150公克的豬絞肉，炒到完全熟透為止。

2 倒入1包豆芽菜（200公克），再快速拌炒。

3 拌入3大匙的燒肉醬，讓醬汁均勻巴附在食材表面。

POINT! 如果在超市拿到多餘的牛油，就可以用來煮這道菜！

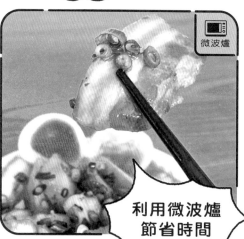

微波爐

利用微波爐
節省時間

2～3人份

1 將300公克豬五花肉塊（切成5公分寬）、各3大匙的砂糖、醬油與酒以及1大匙的美乃滋倒入耐熱碗再攪拌均勻。

2 封上一層保鮮膜微波7分鐘。讓肉塊翻面後，再微波加熱7分鐘。待餘熱散去，再將豬肉切成一口大小。

POINT! 可當成麵食的配料吃。

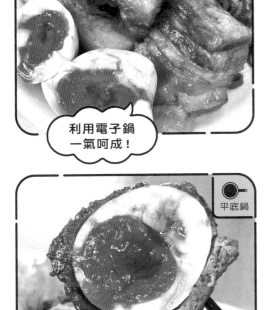

電子鍋

利用電子鍋
一氣呵成！

NO.
098

入口即化的
日式東坡肉

1～2人份

A 醬油‧酒‧味醂‧砂糖各 3 大匙、
1 小匙的薑泥

1 將食材**A**倒入電子鍋的內鍋再調勻。

2 以肥油朝下的方向將約300公克的豬肉塊放入步驟1的內鍋。

3 以鋁箔紙當落蓋，再以一般模式煮飯。最後將豬肉切成一口大小即可。

NO.
099

漢堡排炸彈

2～3人份

1 將5顆雞蛋（放至室溫）放入滾水汆燙5分30秒，再將雞蛋取出來放入冷水，剝殼備用。

2 將400公克的綜合絞肉、2大匙的太白粉倒入袋子，攪拌均勻後，裹在步驟1的食材表面。

3 平底鍋熱油後，放入步驟2的食材油煎。

4 調勻各1大匙的蕃茄醬、醬汁與砂糖，再均勻淋在步驟3的食材上。

平底鍋

口感黏稠的
蛋黃

平底鍋

肉餡只用了
三種材料製作

NO.
100

究極陽春版
漢堡排

2人份

1 將300公克的綜合絞肉、1顆雞蛋、3大匙的麵包粉倒入袋子，攪拌均勻。

2 將肉餡分成兩等分，再捏成扁平的圓筒狀。將適量的油熱油後，讓肉餅每面各煎3分鐘。

3 調勻各3大匙的蕃茄醬‧伍斯特醬與1大匙的紅酒，淋入鍋中。煮乾後淋在步驟2上面。

POINT! 可用一般的酒代替紅酒。

烹調
TIPS

絞肉很容易壞掉，保存時要先用保鮮膜包起來裝進袋子，再放入冰箱冷凍保存。

NO.
101 起司漢堡排

平底鍋

期待切開的
樣子！

2人份

1. 將300公克的綜合絞肉、1顆雞蛋、3大匙麵包粉倒入袋子裡面，攪拌均勻。

2. 將肉餡分成兩等分，再捏成扁平的圓筒狀，然後各塞一片起司進去。

3. 將適量的油倒入平底鍋熱油後，讓肉餡的上下兩面各煎3分鐘再盛盤。

4. 將各3大匙的蕃茄醬·伍斯特醬、1大匙的酒倒入鍋中，煮到收乾後，再淋在步驟3上。

POINT! 利用鍋蓋或是鋁箔紙當落蓋，就能在煎的時候保留肉汁。

微波爐

利用微波爐引出
潛藏的美味

NO.
102 中式清蒸
白菜肉丸

2人份

1. 將300公克的綜合絞肉、½顆的洋蔥（切末）、2小匙的雞高湯粉、1小匙的蒜泥、1大匙的太白粉倒入袋子裡拌勻，再將肉餡捏成丸子（也可以剪開袋子的一個小角再將肉餡擠成肉丸）。

2. 將⅛顆白菜鋪在耐熱盤，再鋪上步驟1。

3. 封上一層保鮮膜微波8分鐘，再淋入適量的橘醋醬。

電子鍋

利用電子鍋
煮出豪邁的料理！

NO.
103 高麗菜捲炸彈

2～3人份

1. 將400公克的綜合絞肉塞進1顆高麗菜（去芯，再利用湯匙挖空）。

2. 將步驟1、500毫升的水、2大匙的法式高湯粉倒入電子鍋的內鍋，再以一般的方式煮飯。

POINT!
這次使用的是能煮5杯米的電子鍋。加熱煮熟後，切成適當的大小。

肉
・
牛絞肉
・
牛腿肉塊
・
牛肉片

微波爐

衝擊味蕾的滋味

無水精力馬鈴薯燉肉 NO.104

1～2人份

1 將**2顆馬鈴薯**（去皮，切成一口大小）、**½顆洋蔥**（切成半月形）、**150公克的牛絞肉**倒入耐熱碗，再淋入**各3大匙的燒肉醬與酒**。

2 封上一層保鮮膜微波6分鐘。攪拌後，再微波6分鐘。

POINT! 光是加入帶有香料或果汁的燒肉醬，味道就很足夠。

NO.105 陽春版烤牛肉

微波爐

利用微波爐煮出無敵美味的料理！

2人份

1 將**300公克的牛腿肉塊**、**1小匙的蒜泥**、**各少許的鹽與胡椒**倒入袋子裡，均勻醃漬。

2 將步驟1的食材倒入耐熱碗，封上一層保鮮膜微波2分鐘。把肉翻面後，再微波1分鐘。

3 鋁箔紙包住步驟2，再於室溫靜置15分鐘。

POINT! 也可以使用醬油：2、砂糖：2、味醂：1調出可立刻派上用場的醬汁。

NO.106 冷涮牛肉片

使用芝麻橘醋醬調味！

1～2人份

1 將**150公克的牛肉片**倒入沸水，快速煮一下，再撈出來放進冰箱冷藏。

2 將**2大匙的芝麻醬**（市售）、**1大匙的橘醋醬**、**1小匙的蒜泥**拌勻。

3 將步驟1的食材放在**適量的生菜**上面，再淋入步驟2的醬汁。

烹調
TIPS

高麗菜的菜心可切成薄片再炒熟，當成另一道配菜。

PART

03

魚

NO. 107

 電烤箱

紙包
奶油鮭魚

1人份

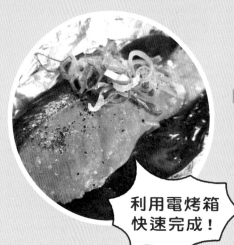

1　將1塊鹽漬鮭魚放在鋁箔紙，再加
　入各1大匙的醬油、酒以及10公克的
　奶油，然後將鋁箔紙包起來。

2　放進電烤箱烤10分鐘。

利用電烤箱
快速完成！

超簡單的
設計

微波爐

NO. 108 法式麵味露奶油粉煎鮭魚

1人份

1 將1塊鮭魚放入容器,裹上½大匙的麵粉。

2 放上10公克奶油,封上保鮮膜微波1分半鐘。

3 將1大匙的麵味露淋在上面收尾。

POINT!
可視個人口味添加黑胡椒或是其他的辛香料。

NO. 109 半熟炸日本鮭魚排

平底鍋

1～2人份

1 依序將適量的麵粉、1顆量的蛋液、適量的麵包粉裹在150公克的日本鮭魚表面。

2 將適量的油倒入平底鍋加熱,再放入步驟1的食材,快速炸到表面變色後,切成小塊。

3 將2大匙的美乃滋、1小匙的醬油、½小匙的山葵醬調勻,淋在步驟2的食材上。

POINT!
日本鮭魚可以生吃,所以只要表面炸到金黃酥脆即可。

山葵美乃滋很對味!

NO. 110 半熟日本鮭魚排

平底鍋

1人份

1 將10公克的奶油倒入熱好鍋的平底鍋。奶油融化後,將150公克的日本鮭魚(生食等級)放入鍋中,再以中大火煎到表面稍微變色,立刻取至鍋外備用。

2 將1大匙美乃滋、1小匙醬油、1小匙山葵醬調勻在一起。

3 將日本鮭魚切塊,再淋上步驟2的食材。

POINT!
日本鮭魚的表面一煎出顏色就立刻翻面。要讓上下兩面都煎到稍微變色為止。

小奢侈的一道料理

烹調
TIPS

銀鮭的油脂豐富,肉質鮮嫩,紅鮭的肉質緊實,味道濃烈。

微波 白蘿蔔鰤魚

NO. 111

微波爐

很入味的 一道料理！

2人份

A | 3大匙醬油、各1大匙酒‧砂糖、1大匙薑泥

1 在2塊鰤魚的兩面撒¼小匙的鹽。靜置20分鐘之後，以熱水沖洗。

2 將300公克的白蘿蔔（去皮，切成1公分的半月形）放入耐熱碗，再加入足以淹過食材的水，然後封上一層保鮮膜微波10分鐘。

3 將瀝乾水分的步驟1、2的食材、預拌的食材A倒入容器，再微波10分鐘。

POINT! 白蘿蔔先加熱至變軟，就能在微波時，吸收調味料的味道。

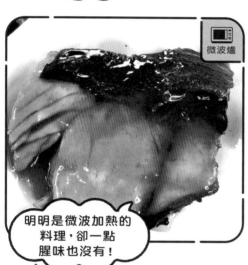

微波爐

明明是微波加熱的 料理，卻一點 腥味也沒有！

照燒即食鰤魚

NO. 112

1人份

1 在1塊鰤魚的兩面裹上適量的太白粉。

2 在容器調勻各2大匙的醬油‧砂糖‧味醂、½小匙的蒜泥，再抹在步驟1的食材表面。

3 輕輕封上一層保鮮膜微波2分鐘。翻面後，再微波1分鐘。

POINT!

加點薑泥就可輕鬆消除 魚腥味。

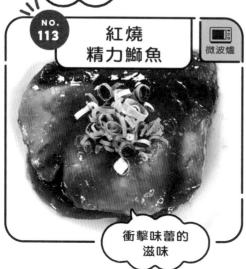

紅燒 精力鰤魚

NO. 113

微波爐

衝擊味蕾的 滋味

1人份

1 在1塊鰤魚的兩面裹上適量的太白粉。

2 在容器調勻2大匙的燒肉醬、各1大匙的麵味露‧麻油、½小匙的蒜泥，再讓這個醬汁巴附在步驟1的食材表面。

3 封上一層保鮮膜微波2分鐘。翻面後，再微波1分鐘。

POINT!

加點蔥花，可以增色與增味。

只要將食材送進微波爐就完成了！

NO. 114 味噌鯖魚

2人份

A 各 1½ 大匙的味噌 · 砂糖、各 2 大匙的味醂 · 水、1 大匙的酒、½ 大匙的醬油、1 小匙的薑泥

將食材 **A** 倒入容器與攪拌均勻後，以魚皮朝下的方向將 **2塊鯖魚** 放入容器，封上一層保鮮膜微波3分鐘半。

POINT!

這次使用的是冷凍鯖魚塊。如果使用半熟的鯖魚，可以30秒為單位，拉長微波加熱的時間。

NO. 115 蒜味醬油鹽漬鯖魚

平底鍋

1人份

1 將 **1塊鹽漬鯖魚**、**2大匙的醬油 · 酒**、**1小匙的蒜泥** 倒入袋子裡，再將袋子放入冰箱冷藏10分鐘，等待食材入味。

2 將 **適量的油** 倒入熱好鍋的平底鍋，再放入鯖魚，煎至兩面變色為止。

進化的鹽烤鯖魚

芝麻味噌美乃滋紙包鹽味鯖魚 NO. 116

電烤箱

1人份

1 將 **各1大匙的白芝麻 · 味噌**、**2大匙的美乃滋** 拌勻。

2 將步驟1的食材均勻抹在 **1塊鹽漬鯖魚** 表面。

3 利用鋁箔紙包住步驟2的食材，再放進電烤箱烤10分鐘。

最醇厚的滋味！

烹調 TIPS

油脂較少的背部可煮成味道濃厚的烤魚，油脂較多的腹部則可做成料理。

起司+鮪魚=
絕對正確的組合！

NO. 117

牽絲起司 照燒長鰭鮪魚

1～2人份

1 在1塊長鰭鮪魚的上下兩面均勻裹上**適量的太白粉**。

2 在容器調勻**各2大匙的醬油、砂糖、味醂**，再讓這個醬汁巴附在步驟**1**的食材表面。

3 封上一層保鮮膜微波2分鐘。翻面後，鋪上**1片起司片**，再微波1分鐘。

平底鍋

只要有1%的幹勁
就能完成的油炸料理

油炸長鰭鮪魚 佐美乃滋

NO. 118

1人份

1 依序在1塊長鰭鮪魚的表面裹上**適量的麵粉、1顆量的蛋液、適量的麵包粉**。

2 將**2大匙的油**倒入熱好鍋的平底鍋，再將步驟**1**的食材放進去，以半煎半炸的方式煎熟。

3 將**2大匙的美乃滋、1小匙的伍斯特醬、少許的檸檬汁**拌勻，再淋在盛盤的步驟**2**食材。

POINT! 可利用旗魚代替。也可以使用蠔油代替伍斯特醬。

奶油散發著令人
食指大動的香氣

NO. 119

奶油醬油鮪魚排

微波爐

1人份

1 在1塊長鰭鮪魚裹上**½大匙的麵粉**，再放入容器裡。

2 放上**10公克奶油**，再封上一層保鮮膜微波2分鐘。

3 淋入**1大匙醬油**，讓醬汁巴附在食材表面。

POINT! 也可利用旗魚代替。撒點黑胡椒就能調出正統的風味。

微波爐

> 只用了蕃茄罐頭
> 的湯汁

NO. 120　義式無水鱈魚

1人份

1　將½罐的切塊蕃茄罐頭（200公克）、1大匙的法式高湯粉、1小匙的蒜泥倒入容器拌勻。

2　將1塊鱈魚放入步驟1，再微波3分半鐘。

POINT!

撒點起司粉或是乾燥歐芹，看起來就很道地！

微波爐

> 沒有要洗的
> 碗盤！

NO. 121　白醬鱈魚

1人份

1　將100毫升的牛奶、½大匙的法式高湯粉倒入較大的耐熱盤拌勻。

2　將1塊鱈魚放入步驟1的耐熱盤，封上一層保鮮膜微波2分鐘。翻面後，再微波1分鐘。

POINT!

也可以撒點黑胡椒或淋點橄欖油。

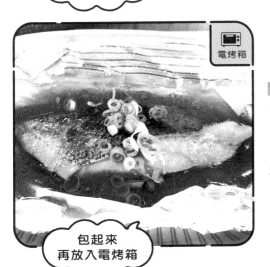

電烤箱

> 包起來
> 再放入電烤箱

紙包橘醋醬　NO. 122
清蒸鱈魚

1人份

1　將1塊鱈魚放在鋁箔紙上面，再倒入各1大匙的橘醋醬、麵味露與10公克的奶油，然後將鋁箔紙包起來。

2　放入電烤箱烤10分鐘。

POINT!

雖然調味料不多，卻能調出正統的風味。可視情況追加蔥花提味。

烹調
TIPS

魚塊透明、有光澤與彈性，代表很新鮮。如果滲出紅色汁液，代表不新鮮了。

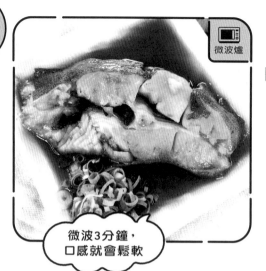

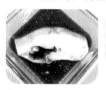
微波爐

微波3分鐘，
口感就會鬆軟

平底鍋

這次故意
少放一點油

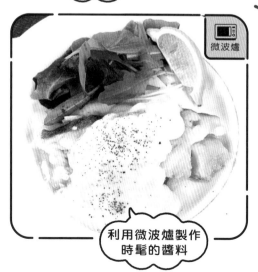

微波爐

利用微波爐製作
時髦的醬料

NO. 123　紅燒鰈魚

1人份

1　將各3大匙的醬油·味醂、2大匙的砂糖、1小匙的薑泥倒入容器調勻。

2　將1塊鰈魚放入容器，封上一層保鮮膜微波2分鐘。翻面後，再微波1分鐘。

POINT!
最後可以佐上一點蔥花增添風味！

NO. 124　鹽味炸鰈魚塊

1人份

1　將2大匙太白粉、½大匙雞高湯粉倒入袋子裡拌勻。

2　將1塊鰈魚放入袋子，將步驟1裹在鰈魚表面。

3　將3大匙的油倒入平底鍋熱油後，放入步驟2的鰈魚，半煎半炸到兩面酥香即可。

POINT!
少用一點油，之後就比較容易清理。

NO. 125　法式粉煎鰈魚佐起司醬

1人份

1　將1塊鰈魚放入容器，再裹上½大匙的麵粉。放上10公克的奶油，封上一層保鮮膜微波1分鐘再盛盤。

2　將3大匙牛奶、3片撕成小塊的起司片、½小匙的法式高湯粉倒入另一個容器調勻，再微波30分秒，然後攪拌均勻。

3　將步驟2的食材淋在步驟1的食材上。

NO. 126 陽春版美乃滋蝦仁

平底鍋

1～2人份

1 將200公克的蝦仁與<u>2大匙</u>的<u>太白粉</u>倒入袋中，再搖晃袋子，讓太白粉均勻裹在蝦仁的表面。

2 將<u>1大匙</u>的<u>油</u>倒入平底鍋，再將蝦子的表面煎到酥脆。

3 將<u>3大匙</u>的<u>美乃滋</u>、各<u>1大匙</u>的<u>蕃茄醬</u>、<u>砂糖</u>與<u>牛奶</u>調勻，然後與步驟**2**的食材拌勻。

沒有油炸
卻很酥脆

NO. 127 陽春版乾燒蝦仁

平底鍋

1～2人份

1 將150公克的蝦仁與<u>2大匙</u>的<u>太白粉</u>倒入袋中，再搖晃袋子，讓太白粉均勻裹在蝦仁的表面。

2 將<u>2大匙</u>的<u>油</u>倒入平底鍋熱油，再倒入步驟**1**的食材油煎。

3 倒入各<u>2大匙</u>的<u>醋</u>・<u>砂糖</u>、各<u>1大匙</u>的<u>蕃茄醬</u>與<u>辣油</u>，再煮到醬汁稍微收乾為止。

不需要
豆瓣醬！

正統的炸花枝塊 NO. 128

平底鍋

2人份

1 將1片花枝（已切塊）放入<u>2大匙</u>的<u>醬油</u>、<u>1小匙</u>的<u>薑泥</u>醃漬10分鐘。

2 擦乾花枝的水分，再裹上<u>3大匙</u>的<u>太白粉</u>。將<u>3大匙</u>的<u>油</u>倒入平底鍋熱油後，以半煎半炸的方式煎熟花枝。

> **POINT!** 花枝可先切塊再使用。在裹上太白粉之前，要先用廚房紙巾擦乾。

絕佳的下酒菜！

烹調
TIPS

鰈魚的特徵在於脂肪含量不高，蛋白質含量較多，味道也很淡雅。

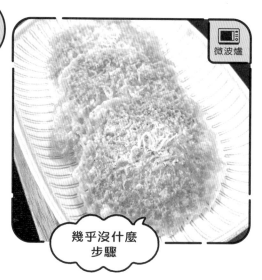

微波爐

幾乎沒什麼
步驟

起司酥脆
吻仔魚煎餅

1～2人份

1 將40公克的披薩專用起司分成適當的等分，再薄薄地攤在烘培紙上，然後均勻地將1大匙的吻仔魚撒在起司上。

2 微波2分半鐘，烤乾水分。

POINT!

調節加熱時間，讓起司與吻仔魚變得酥脆。

梅肉清香淡雅

吻仔魚
紫蘇梅飯糰

1～2人份

1 將3大匙吻仔魚、2片紫蘇（切成末）、3顆梅乾（去籽剁成泥）、1大匙麻油、1小匙雞高湯粉與150公克的白飯拌勻。

2 將步驟1的食材捏成三角形。

POINT!

最後可撒點白芝麻增加風味。

無限吻仔魚高麗菜

1～2人份

將市售的高麗菜絲1包（150公克）、吻仔魚30公克、3大匙麻油、½大匙雞高湯粉、1小匙蒜泥拌勻。

POINT!

使用切成絲的高麗菜能大幅縮短烹調時間！

就算完全沒力
也能做出這道料理

不需要事先醃漬

NO. 132　味噌龍田炸鯖魚

平底鍋

1～2人份

1　將2罐味噌鯖魚罐頭（300公克）的湯汁倒掉，再用廚房紙巾擦乾。

2　將步驟1的食材與2大匙的太白粉倒入袋子。搖晃袋子，讓太白粉裹在鯖魚表面。

3　將3大匙的油倒入平底鍋，再以半煎半炸的方式煎熟。

韓式生拌罐頭鯖魚　NO. 133

1～2人份

1　將1罐水煮鯖魚罐頭（150公克）的水分瀝乾，再將魚肉撥散。

2　將2大匙的燒肉醬、各1大匙的醬油‧麻油、1小匙的蒜泥拌入步驟1的食材。

3　盛盤後，點綴1顆蛋黃。

POINT!
使用叉子可快速撥散鯖魚肉。

非常下飯！

NO. 134　義式生章魚

1～2人份

將100公克的水煮章魚（切成一口大小）、各1大匙的橄欖油‧醬油與適量的檸檬汁倒入袋子，再均勻揉醃，放入冰箱靜置10分鐘。

POINT!
章魚可先切成一半的厚度。切成片狀會比較方便食用。

只需要用袋子醃漬！

烹調
TIPS

白飯可先徹底放涼，再放進冰箱冷藏！這是延長保存期限的關鍵。

只需要靜置
就完成了！

蒜味油漬章魚

1～2人份

將2大匙橄欖油、各1小匙的蒜泥與法式高湯粉調勻，再放入100公克的水煮章魚（切成一口大小）醃漬10分鐘。

POINT!

放一些辣椒段一起醃漬，可醃成微辣的口味，也非常美味喲！

口感
十分迷人

平底鍋

正統的 炸章魚塊

2人份

1. 將250公克的水煮章魚（切成1口大小）、各1大匙的醬油‧酒、各1小匙的蒜泥與薑泥倒入袋子，均勻揉醃後，靜置10分鐘。

2. 調勻2大匙麵粉與1大匙太白粉，裹在步驟**1**。

3. 將3大匙的油熱油後，放入步驟**2**煎熟。

POINT! 炸到表面金黃酥脆即可。

生肉風味的醬料
非常美味！

平底鍋

油煎 醬漬章魚

1～2人份

1. 將各2大匙的燒肉醬‧醬油、1大匙的麻油調勻，再加入適量的水煮章魚，醃漬10分鐘。

2. 以竹籤串起來之後，放入平底鍋中油煎。

POINT!

也很推薦沾著美乃滋與七味辣椒粉一起吃。

拿出1%幹勁就好

PART

04

蔬菜

NO.
138

鹽昆布酪梨
佐蛋黃

恰到好處的
鹹味最是迷人！

1~2人份

A 麻油・醬油・雞高湯粉・
醋各 1 小匙、
½小匙的蒜泥、適量的白芝麻

1 將1顆酪梨（切成1口大小）、2小匙
的鹽昆布、食材**A**倒入大碗中，攪
拌均勻。

2 盛盤後，打1顆蛋黃。

鮪魚與鹽昆布
很對味！

NO. 139 用春季高麗菜 製作無限下酒菜

`1～2人份`

1　將春季高麗菜（一般的高麗菜也可以）¼顆（切成短段）放入容器，封上一層保鮮膜微波2分鐘。放入冷水冰鎮，再瀝乾水分。

2　將1罐鮪魚罐頭（70公克）、各3大匙鹽昆布・麻油、1小匙雞高湯粉與步驟1的食材拌勻。

POINT! 可視個人口味撒點白芝麻。

可以充分享受
春季高麗菜的甜味！

NO. 140 清脆可口 涼拌高麗菜

`1～2人份`

A 2大匙美乃滋、1小匙醋、½小匙砂糖、少許的鹽與胡椒

將春季高麗菜（一般的高麗菜也可以）¼顆（切絲）、1罐鮪魚罐頭（70公克，瀝乾油脂）、水煮玉米罐頭1罐（120公克）、食材 **A** 倒入大碗，再攪拌均勻。

POINT! 可視個人口味附上水煮蛋，增加這道料理的份量。

一輩子
都吃不膩！

無限高麗菜

1～2人份

1 將3大匙麻油、1小匙雞高湯粉調勻。

2 將3瓣高麗菜（撕成一口大小）盛盤，均勻淋上步驟1的食材，再點綴2小匙的鹽昆布。

POINT!
也可以增加高麗菜的份量。如果雞高湯粉拌不勻，可微波加熱幾秒再攪拌。

鹽昆布
高麗菜

1～2人份

1 將適量的高麗菜（撕成一口大小）、2大匙麻油、各1小匙的雞高湯粉・蒜泥、1小撮的鹽昆布倒入袋子，均勻揉醃之後，靜置醃漬10分鐘。

2 盛盤後，撒入適量的白芝麻。

POINT! 高麗菜會因為鹽昆布的鹽分而軟化，所以要撕得大塊一點。

清脆的口感
很美味！

 微波爐

德式酸菜風味的
高麗菜維也納香腸

1～2人份

1 將¼顆的高麗菜（切絲）放入容器，封上一層保鮮膜微波3分鐘。靜置等待餘熱退散。

2 將2大匙的醋、1大匙的砂糖、少許的鹽與步驟1拌勻。再與煎過的維也納香腸一起盛盤。

POINT!
加熱高麗菜之後，要先瀝乾水分，再與調味料拌勻。

酸味
也很美味！

烹調
TIPS

高麗菜切絲或切塊後，放入保鮮袋可冷藏保鮮4～7天！

蔬菜 高麗菜・小黃瓜

平底鍋

NO.
144
超簡單的大阪燒

1～2人份

1 將50公克的麵粉、¼顆的高麗菜（切成粗絲）、1顆雞蛋、100毫升的水倒入大碗，均勻攪拌至沒有麵粉結塊的地步。

2 將適量的油倒入平底鍋熱油後，將步驟1的食材均勻倒入，蓋上鍋蓋，兩面各煎3分鐘。

POINT! 可視個人口味附上醬料、美乃滋、青海苔粉、柴魚片、紅薑。

> 烤得蓬鬆酥軟！

> 淡淡的辣味讓人一吃就上癮！

口感清脆的小黃瓜
NO.
145

1～2人份

Ａ 醬油・麻油・醋各1大匙、豆瓣醬・砂糖・蒜泥各1小匙

1 將食材Ａ倒入袋子，攪拌均勻。

2 將1根小黃瓜（以滾刀切成一口大小）倒入袋子揉醃，再放入冰箱冷藏15分鐘。

POINT!
一開始先調勻調味料，之後再加入小黃瓜。

無限精力小黃瓜
NO.
146

2人份

1 以少許的鹽揉醃2根小黃瓜（以滾刀切成塊），再以清水洗乾淨。

2 將步驟1的食材、各4大匙的味噌・麵味露、各1小匙的蒜泥・砂糖倒入袋子揉醃，再靜置10分鐘。

POINT! 可視個人口味加入柴魚片或紅辣椒。

> 大蒜味噌很下飯！

最下飯的小菜！

微波爐

NO. 147 無限醃漬小黃瓜

2～3人份

1 以<u>些許鹽</u>揉醃3根小黃瓜（切成1公分厚）。

2 將<u>300毫升的醬油</u>、<u>50毫升的醋</u>、<u>200公克的砂糖</u>、<u>1小匙的蒜泥</u>倒入容器拌勻後，微波3分鐘。

3 將瀝乾的步驟1食材倒入步驟2的容器，靜置一會兒，直到餘熱退散為止。

POINT! 建議一次多做一點，再分批冷藏。

令人一吃就上癮的辣感與口感！

NO. 148 無限微辣小黃瓜

2～3人份

1 以<u>些許鹽</u>揉醃3根小黃瓜（一口大小），靜置10分鐘。再以清水簡單沖洗一下並擦乾。

2 將<u>3大匙的燒肉醬</u>、<u>各1大匙的醬油‧辣油</u>調勻，再與步驟1拌在一起，靜置10分鐘。

POINT!

小黃瓜洗乾淨之後，需要利用廚房紙巾徹底擦乾水氣。

NO. 149 鹽昆布醃漬整條小黃瓜

6根量

1 以<u>些許鹽</u>揉醃6根小黃瓜（切掉兩端，再將外皮刨成條紋狀）。靜置10分鐘之後，以清水洗淨再擦乾。

2 將<u>2大匙鹽昆布</u>、<u>3大匙麻油</u>、<u>1小匙蒜泥</u>倒入袋子裡拌勻，再倒入步驟1的食材，放入冰箱靜置一晚，等待醃漬入味。

POINT! 可先將鹽撒在砧板上，再將小黃瓜放在砧板上滾動與揉醃。

很棒的下酒菜

烹調
TIPS

將鹽撒在砧板上，再將小黃瓜放在砧板上滾動，可幫小黃瓜殺菁。

非常適合
夏季享用！

NO. 150

橘醋醬醃漬
整條小黃瓜

6根量

1 以些許鹽揉醃6根小黃瓜（切掉兩端，將外皮刨成條紋狀）。靜置10分鐘之後，以清水洗淨再擦乾。

2 將4大匙橘醋醬、2大匙麻油、1小匙蒜泥倒入袋子拌勻，再加入步驟1的食材，放進冰箱冷藏一晚，直到醃漬入味為止。

POINT! 利用刨皮器刨皮比較有效率。可視個人口味撒點白芝麻。

NO. 151

小黃瓜
韓式涼拌菜

十分入味！

2～3人份

1 以些許鹽揉醃2根小黃瓜（切掉兩端）。靜置10分鐘，以清水洗淨再擦乾。

2 將步驟1的食材放入材質堅韌的袋子裡，再以擀麵棍拍打小黃瓜。

3 將2大匙的麻油、1大匙的雞高湯粉、1小匙的蒜泥倒入袋中，攪拌均勻後，靜置10分鐘。

POINT!

記得使用保鮮袋。均勻揉醃才能完全入味。可視個人口味撒點白芝麻。

NO. 152

無限小黃瓜
辛奇雞柳

 微波爐

是配菜
也是下酒菜

1～2人份

1 將2條雞柳、1大匙酒倒入耐熱碗，封上一層保鮮膜微波3分鐘，再將雞柳撕成小條。

2 將1根小黃瓜（切成絲）、適量的辛奇（切成小段）、2大匙麻油、½小匙雞高湯粉、1小匙蒜泥倒入步驟1的耐熱碗，再攪拌均勻。

POINT! 雞柳微波後，可倒掉湯汁，再以筷子拆成細條。也可撒上白芝麻。

建議
切大塊一點！

NO. 153 韓式涼拌菜風味的蕃茄鹽昆布

1～2人份

1　去掉3顆蕃茄的蒂頭，再以滾刀切塊。

2　將步驟1的食材與2大匙的麻油、1大匙的鹽昆布、1小匙的雞高湯粉、½小匙的蒜泥拌在一起，再視個人口味撒入適量的白芝麻。

利用特製的
醬料喚醒食慾！

無限上癮蕃茄 NO. 154

2～3人份

1　以1小匙的水調開各1小匙的雞高湯粉與蒜泥，再與2大匙的麻油拌勻。

2　將3顆蕃茄（切成半月形的塊狀）鋪在盤子裡，再淋上步驟1的食材。最後撒入切碎的紫蘇（1瓣）與適量的白芝麻。

POINT!

以水調開雞高湯粉與蒜泥之後，再與麻油拌在一起。

外表豪邁的
一道料理

微波爐

整顆醃漬的蕃茄 NO. 155

1人份

1　將1顆蕃茄（去蒂頭，再於底部劃出十字刀紋）放入容器，封上一層保鮮膜微波1分鐘。泡在冷水裡面再剝皮。

2　將步驟1的食材、各2大匙的麻油・麵味露、1小匙的蒜泥倒入袋子揉醃。靜置10分鐘。

3　鋪上切碎的紫蘇（1瓣）與適量的柴魚片。

POINT! 蒂頭可用湯匙挖掉。微波加熱就能快速剝皮，不需要泡在熱水裡。

烹調
TIPS

在砧板底下墊一層擰乾的毛巾，就很難隨便移動砧板。

天氣炎熱時的
最佳良伴

NO.
156 無限鹽昆布
醃漬蕃茄

1人份

將各2大匙的鹽昆布·麻油、1大匙的麵味露
倒入大碗，稍微攪拌後，放入1顆蕃茄（切成
方便入口的片狀），輕輕攪拌一下，再醃漬10
分鐘。

POINT! 蕃茄可先去除蒂頭再切成圓片。視
個人口味撒點白芝麻。

利用麵味露與
紫蘇調出日式風

義式生魚片風味
的清爽蕃茄 NO.
157

2～3人份

1 將1大匙橄欖油、2大匙麵味露、適量的檸檬
汁調勻。

2 將2顆蕃茄（半月形的片狀）排在盤子裡，再
均勻淋入步驟1的醬汁。適量地點綴柴魚片
與切碎的紫蘇。

POINT! 蕃茄先剖成兩半，切掉蒂頭再切成
薄片。

NO.
158 蕃茄片
無限下酒菜

1～2人份

1 去掉3顆蕃茄的蒂頭再切成片。

2 將2大匙的麵味露與½大匙的麻油拌勻。

3 將步驟1的食材排入盤中，均勻淋上步驟2
的食材，再撒上1大匙的天婦羅花與½小匙
的青海苔粉。

想要一直
吃個沒完

微波爐

利用微波爐加熱至軟爛的口感！

NO. **159**

奶油醬香油煎茄子

1～2人份

將2根茄子（切成薄片）排入耐熱盤，封上一層保鮮膜微波4分鐘。淋上1大匙醬油與點綴10公克奶油。

POINT!

等到奶油融化時，就可以吃了。可視個人口味撒點蔥花。

微波爐

電烤箱

起司會融化！

整條茄子製作的披薩

NO. **160**

1人份

1　將1根茄子（剖成兩半，再劃出格狀花刀）放入耐熱盤，封上一層保鮮膜微波2分鐘。

2　將2大匙蕃茄醬、1小匙蒜泥、各少許的鹽與胡椒調勻。

3　依序在步驟**1**鋪上1罐鮪魚肉、步驟**2**、適量披薩專用起司，再送進烤箱烤至變色。

POINT!　茄子剖成兩半後，可在剖面處劃出格紋花刀。

烹調 TIPS

令人欲罷不能的辣度與口感

微波爐

NO. **161**

無水茄子印度乾咖哩

1～2人份

1　將2根茄子（切成小丁）、50公克的綜合絞肉、1小匙蒜泥、2塊咖哩塊、10公克奶油倒入容器。

2　封上一層保鮮膜微波5分鐘，再攪拌均勻。

POINT!

打顆蛋將更加美味！

蕃茄可利用圓筷子摩擦表面，就能快速剝皮！再於表面劃出十字刀口，

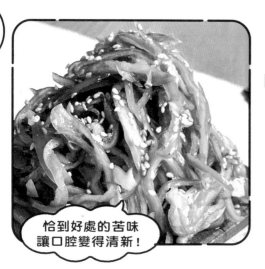

恰到好處的苦味
讓口腔變得清新！

NO.
162

無限青椒

2〜3人份

1 將適量的青椒（切絲）、<u>2大匙麻油</u>、各1小匙的雞高湯粉·蒜泥倒入袋子裡，靜置10分鐘，等待醃漬入味。

2 盛盤後，撒入適量的白芝麻與<u>辣油</u>。

POINT!

青椒先剖成兩半，刮掉種子，再切成細條。

微波爐

很適合
大量消耗青椒

NO.
163

水煮整棵青椒

1〜2人份

1 去除4棵青椒的蒂頭與種子。

2 將各5大匙的水·麵味露、<u>1小匙的蒜泥</u>倒入容器調勻。

3 將步驟1的食材倒入步驟2的容器，封上一層保鮮膜微波3分鐘。翻面後，再微波3分鐘。

4 撒入<u>適量的麻油</u>與柴魚片。

舒服的苦味

電烤箱

NO.
164

焗烤美乃滋
青椒鮪魚

1〜2人份

1 去除2棵青椒的蒂頭與種子，再剖成兩半。

2 瀝掉1罐鮪魚罐頭（70公克）的油，再與<u>2大匙美乃滋</u>、<u>½大匙醬油</u>拌勻。

3 將步驟2的食材、適量的披薩專用起司鋪在步驟1的食材上，再送入電烤箱烤5分鐘。

照燒漢堡風味的 無限沙拉

NO. 165

2～3人份

將適量的生菜（用手撕成小塊）倒入大碗，再拌入各3大匙的燒肉醬、美乃滋與適量的白芝麻。

POINT! 可視個人口味鋪點海苔絲

大家都喜歡的那個味道！

NO. 166 用生菜與鹽昆布 製作下酒菜沙拉

1～2人份

1. 先將3大片生菜（150公克）撕成方便入口的大小。

2. 讓生菜與3大匙的麻油、1大匙的鹽昆布、1小匙的雞高湯粉拌勻。

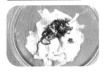

POINT!

撒點白芝麻可讓整道料理更美觀與美味。

清脆的口感！

微波爐

中式即食 青菜蛋花湯

NO. 167

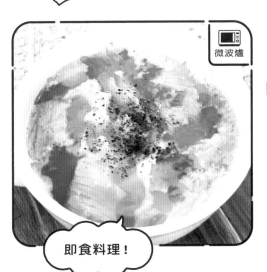

1～2人份

1. 將1片生菜（50公克）撕成小塊。

2. 將步驟1的食材、200毫升的水、½大匙的雞高湯粉、1顆量的蛋液倒入大碗，封上一層保鮮膜微波2分鐘。

3. 倒入湯碗，再淋入適量的麻油。

即食料理！

烹調
TIPS

青椒斜切成片後，比較容易煮熟，口感也比較柔軟！

蔬菜

綠花椰菜

微波爐

很像一道
正式的配菜！

NO.
168

香蒜義大利麵
風味的綠花椰菜

2～3人份

1 將1棵綠花椰菜（拆成小朵）、1大匙橄欖油、各1小匙蒜泥與法式顆粒高湯粉倒入容器攪拌均勻。

2 封上一層保鮮膜微波3分鐘。

POINT!

加點紅辣椒更美味。

綠花椰菜
起司法式薄餅

NO.
169

1～2人份

1 將1棵綠花椰菜（400公克）切成碎末。

2 將少許的胡椒鹽倒入步驟1的食材，再將適量的油倒入平底鍋熱油，接著將步驟1的食材倒入鍋中，輕輕拌炒，直到炒軟為止。

3 加入披薩專用起司（自行決定份量）。起司融化後，再煎到兩面煎出顏色為止。

POINT! 綠花椰菜可利用廚房剪刀剪碎。

平底鍋

酥脆的口感

NO.
170

蒜味美乃滋
綠花椰菜炒花枝

1～2人份

1 將1棵綠花椰菜（連同莖部400公克）與150公克的花枝（燙熟）切成方便入口的大小。

2 將適量的油倒入平底鍋加熱後，倒入步驟1的食材拌炒。

3 炒熟後，倒入2大匙的美乃滋、1大匙的醬油、1小匙的蒜泥，再快速拌炒。

POINT! 可用七味辣椒粉調出討喜的辣味！

平底鍋

下飯也配酒的
一道料理

信手拈來的
一道料理

NO.
171 即食韓式
涼拌菠菜

微波爐

1～2人份

1 將1包菠菜（200公克）倒入耐熱碗，封上一
　層保鮮膜微波2分鐘。

2 將步驟1的食材泡在冷水裡。撈出來瀝乾水
　分後，再切成4公分的長度。

3 與2大匙的麻油、½大匙的雞高湯粉、1小匙
　的蒜泥涼拌。

連經典菜色都可以
利用微波爐烹調

菠菜佐
油煎奶油培根蛋 NO.
172

微波爐

1～2人份

1 將1包菠菜（200公克）切成5公分的長度，再
　將80公克的厚片培根切成1公分寬的片狀。

2 將菠菜、培根、1顆量的蛋液、10公克的奶油
　依序放入耐熱碗，封上一層保鮮膜微波3分
　半鐘。

3 攪拌均勻後，以少許胡椒鹽調味。

超簡單的
滑順奶味！

NO.
173 白醬菠菜

微波爐

1～2人份

1 將1把菠菜切成5公分的長度，再將2片薄片
　培根（18公克）切成1公分寬的片狀。

2 將菠菜、培根、150毫升的牛奶、1塊白醬料理
　塊依序放入耐熱碗，封上一層保鮮膜微波3
　分鐘。

3 利用少許的胡椒鹽調味。

烹調
TIPS

要將綠花椰菜分成小朵，可先在莖部劃出刀口，再用手撕開。

蔬菜 青江菜・小松菜

平底鍋

整棵蔬菜！

油煎奶油培根青江菜

1～2人份

1 將2片薄片培根（18公克）撕成方便入口的大小後，放入平底鍋乾炒。

2 轉成小火，再放入100毫升的牛奶、1塊白醬料理塊（18公克），煮到料理塊溶化為止。

3 放入整棵的青江菜（1棵），再以中火煮軟以及煮到湯汁收乾為止。

微波爐

超豪邁的一道料理！

雞骨高湯燉煮青江菜

NO.
175

1～2人份

1 將200毫的水、½大匙的雞高湯粉倒入大碗，攪拌至雞高湯粉完全溶化後，接著放入1棵青江菜。

2 封上一層保鮮膜微波3分鐘。

微波爐

營養滿分的健康菜色！

NO.
176

鮪魚小松菜蛋花湯

2人份

1 先切掉1包小松菜（250公克）的根部，再切成3公分的長度。

2 將步驟1的食材、瀝過油的1罐鮪魚（70公克）、1大匙雞高湯粉、400毫升的水倒入耐熱碗，封上一層保鮮膜微波4分鐘。

3 淋入2顆量的蛋液，封上一層保鮮膜微波2分半鐘。

平底鍋

NO. 177 究極新洋蔥排

2人份

A 醬油·酒·味醂各 1 大匙、
砂糖·蒜泥各 1 小匙

1 將<u>10公克的奶油</u>放入平底鍋。加熱融化後，
放入2顆新洋蔥（切掉上下兩端，再水平切成
兩半），煎到兩面變色後盛盤。

2 將拌勻的食材**A**淋在步驟**1**的食材上面。

POINT! 可視個人口味撒點蔥花。

可以嘗到洋蔥的
甜味！

微波爐

秒殺法式燉菜 NO. 178

1人份

1 在1顆洋蔥（切掉上下兩端）劃入十字刀口，
再塞進80公克的培根（切碎）。

2 將洋蔥放入容器，再撒入<u>1小匙的法式顆粒
高湯粉</u>，封上一層保鮮膜微波6分鐘。

POINT!

刀口的深度大約是洋蔥
高度的一半。

一吃就知道的
味道！

NO. 179 濃得化不開的起司焗烤洋蔥

微波爐

電烤箱

1人份

1 將1顆新洋蔥（切掉上下兩端，再劃入十字刀
口）放入容器，封上一層保鮮膜微波5分鐘。

2 將1罐鮪魚（70公克）、<u>2大匙美乃滋</u>拌在一
起，再塞進步驟**1**的食材。

3 鋪上2片起司片，再送入電烤箱烤至變色。

POINT!

刀口的深度大約是洋蔥
高度的一半，再塞入美
乃滋鮪魚。

利用美乃滋鮪魚
提升濃醇度！

烹調
TIPS

可趁著微波加熱時，執行其他的步驟，如此一來就能更快煮好！

微波爐

能夠一口
就吃個精光！

鮪魚奶油
橘醋醬洋蔥

1人份

1 在1顆洋蔥（切掉上下兩端）劃出十字刀口，
再將1罐鮪魚（70公克）塞進去。

2 放入容器後，放10公克的奶油，封上一層保
鮮膜微波7分鐘。淋上1大匙橘醋醬。

POINT!

刀口的深度約為洋蔥的
一半高度。最後可視個
人口味撒點蔥花。

整顆洋蔥製作的
肉醬洋蔥

1人份

1 在1顆洋蔥（切掉上下兩端）劃出十字刀口，
再將80公克的綜合絞肉塞進去。

2 放入容器後，撒入1小匙法式高湯粉，封上一
層保鮮膜微波7分鐘。

3 放2片起司片，再微波30秒。

POINT!

刀口的深度約為洋蔥的
一半高度。

微波爐

利用起司
提高滿足度！

用新洋蔥製作的
黏稠肉醬洋蔥

1人份

1 在1顆新洋蔥（切掉上下兩端）劃出十字刀
口，再將80公克的綜合絞肉塞進去。

2 放入容器後，撒1小匙法式高湯粉，封上一層
保鮮膜微波7分鐘。

POINT!

刀口的深度約為洋蔥的
一半高度。

微波爐

像是法式燉菜的
風味

酥脆鬆軟的口感

微波爐
平底鍋

NO. 183 不用炸的馬鈴薯餅

2～3人份

1 將2顆馬鈴薯（去皮，切成5公釐立方的塊狀）放入耐熱碗，封上一層保鮮膜微波7分鐘。

2 拌入2大匙太白粉，再捏成一口大小的形狀。

3 將3大匙油倒入平底鍋熱油後，煎至變色。

POINT!
利用保鮮膜塑形會比較簡單。建議煎成金黃酥脆的口感。

NO. 184 陽春版奶油馬鈴薯

微波爐

2人份

1 將2顆馬鈴薯洗乾淨，以保鮮膜包住（不需去皮），微波8分鐘。在馬鈴薯劃入十字刀口。

2 鋪上20公克的奶油，再撒入適量的鹽。

POINT!
馬鈴薯微波之後，可用竹籤刺刺看，若是能順利刺穿，代表熟透了。

利用微波爐簡化過程！

NO. 185 大片培根的馬鈴薯泥

微波爐

1～2人份

1 以滾刀將去皮的2顆馬鈴薯切成塊，再與50毫升的牛奶一起放入容器，封上一層保鮮膜微波6分鐘。

2 將步驟1的食材碾成泥，再以適量的胡椒鹽調味。

3 將100公克的厚片培根切成一口大小，封上保鮮膜微波1分鐘。與步驟2的食材拌在一起。

黏滑口感讓人欲罷不能

烹調 TIPS

沒用完的洋蔥可先瀝乾，再以保鮮膜包起來放入冰箱，可保存2～3天不變質。

蔬菜 馬鈴薯

微波爐

平底鍋

起司會
牽～～絲嘟！

惡魔起司 馬鈴薯球

2～3人份

1 將2大顆馬鈴薯（去皮，滾刀切塊）放入容器，封上一層保鮮膜微波6分鐘。

2 將步驟1的食材碾成泥，再拌入3大匙太白粉，讓口感變得滑順。

3 在2條牽絲起司條（各撕成5等分）裏上步驟2的食材（總計會裹出10個），再將適量的油倒入平底鍋熱油。將裹好的食材放進去，炸至金黃酥脆。可視個人喜歡附上蕃茄醬。

又酥又香
又脆！

平底鍋

辛奇起司 馬鈴薯韓式煎餅

NO.
187

2～3人份

1 將2顆馬鈴薯（去皮，切成絲）、適量辛奇（剁碎）、適量披薩專用起司、各少許的鹽與胡椒倒入大碗再攪拌均勻。

2 將適量的麻油倒入平底鍋之後，將步驟1的食材攤在鍋底，煎至兩面變色為止。

POINT!

煎的時候可以追加起司。可附上橘醋醬。

NO.
188

不用炸的 薯條

微波爐

平底鍋

外酥內鬆的
口感！

2～3人份

1 將3顆馬鈴薯（洗乾淨後，連皮切成條狀）放入容器，封上一層保鮮膜微波5分鐘。

2 在步驟1的食材裹上2大匙太白粉，再將2大匙的油倒入平底鍋熱油，接著將食材放入鍋中，煎至酥脆，再撒入少許的鹽。

POINT!

馬鈴薯要微波加熱至能用筷子輕鬆貫穿為止。太白粉只需要裹上薄薄一層。這道料理可沾著蕃茄醬或美乃滋吃。

讓人一吃就上癮的
鹹甜滋味

惡魔蜂蜜 奶油馬鈴薯　NO. 189

2～3人份

1 將2顆馬鈴薯（去皮、滾刀切塊）放入容器，
封上一層保鮮膜微波4分鐘。

2 將步驟1的食材裹上1大匙的太白粉之後，放
入已加熱融化10公克奶油的平底鍋煎熟。

3 關火後，拌入2大匙蜂蜜、適量起司粉與少許
的鹽。

微波爐

平底鍋

POINT! 均勻裹上太白粉之後，煎到金黃酥
脆為止。

海苔與醬油的
香氣非常迷人！

和風奶油馬鈴薯　NO. 190

1人份

1 將1顆馬鈴薯（洗乾淨後，連皮切成一口大
小）放入容器，封上一層保鮮膜微波4分鐘。

2 拌入1大匙醬油、8公克奶油。鋪上適量的海
苔絲。

POINT! 如果馬鈴薯沒有熟透，可視情況，
以30秒為單位，拉長加熱時間。

微波爐

NO. 191　半熟蛋至福 馬鈴薯沙拉

2～3人份

1 將2顆雞蛋放入沸水煮5分鐘，再將雞蛋泡到
冷水裡剝殼。

2 將2顆馬鈴薯（去皮，切成一口大小）放入容
器，封上一層保鮮膜微波6分鐘再碾成泥。

3 拌入3大匙美乃滋、各少許的鹽與胡椒、步驟
1的食材。

簡單卻
極度美味！

微波爐

POINT! 馬鈴薯要趁熱碾成泥，一邊拌開
水煮蛋，一邊拌入調味料。

烹調
TIPS

五月皇后馬鈴薯擁有黏滑口感，也不太容易煮散，很適合於燉煮料理使用。

麻油與大蒜的
香氣讓人食指大動！

無限紅蘿蔔
韓式涼拌菜

2～3人份

在1根紅蘿蔔（切絲）拌入2大匙麻油、½大匙雞高湯粉、1小匙蒜泥，再靜置10分鐘。

POINT!

紅蘿蔔可利用刨絲器刨成絲。

微波爐

刨皮器
能簡化作業！

金平蘿蔔薄片

1～2人份

1 替1根紅蘿蔔去皮，再以刨皮器刨成薄片。

2 將2大匙麵味露、1大匙酒、1小匙麻油倒入耐熱碗，再與步驟1的食材拌勻。

3 封上一層保鮮膜微波5分鐘。

POINT!

刨成薄片的紅蘿蔔很容易熟透。

平底鍋

可用來消耗
多餘的紅蘿蔔

紅蘿蔔起司
法式薄餅

1～2人份

1 替1根紅蘿蔔去皮，再以刨皮器刨成薄片。

2 將1大匙太白粉、少許胡椒鹽、3大匙披薩專用起司（24公克）拌入步驟1的食材。

3 將適量的油倒入平底鍋加熱，再將步驟2的食材放進去，煎至兩面變色為止。

蔬菜 豆芽菜

清脆可口！

無限韓式 涼拌豆芽菜 NO. 195

2～3人份

1 將洗乾淨的豆芽菜1包（200公克）倒入容器，封上一層保鮮膜微波4分鐘。待餘熱散去後瀝乾。

2 將<u>1大匙</u>的雞高湯粉、<u>2大匙</u>麻油、<u>1小匙</u>蒜泥拌勻，再與步驟**1**的食材拌在一起。

3 盛盤後，撒入適量的白芝麻、蔥花與辣油。

微波爐

POINT! 豆芽菜可泡在水裡降溫。撈出來瀝乾後，再與調味料拌勻。

微波爐

NO. 196 無限韓式涼拌 豆芽菜鮪魚鹽昆布

2～3人份

1 將洗淨的豆芽菜1包（200公克）倒入容器，封上一層保鮮膜微波4分鐘。待餘熱散去後瀝乾。

2 將瀝過油的1罐鮪魚罐頭（70公克）、<u>1大匙</u>鹽昆布、<u>2大匙</u>麻油與步驟**1**的食材拌勻。

POINT! 豆芽菜可先泡在水裡，等待餘熱消除。也可以依照個人口味與蔥花拌在一起。

讓筷子停不下來的一道料理！

口感迷人的一道料理！

惡魔 涼拌豆芽菜 NO. 197

2～3人份

1 將洗淨的豆芽菜1包（200公克）倒入容器，封上保鮮膜微波4分鐘。待餘熱散去後瀝乾。

2 將各<u>2大匙</u>的燒肉醬‧麻油與<u>1大匙</u>的醬油拌入步驟**1**的食材。

POINT! 豆芽菜可泡在水裡降溫。最後可視個人口味打顆蛋黃，增加生食的口感。

微波爐

烹調 TIPS

紅蘿蔔可用報紙包起來，立著放進冰箱冷藏。從根部開始使用，可拉長保鮮期。

微波爐

很適合當作晚上
喝一杯的下酒菜！

惡魔辣油韓式 涼拌豆芽菜

2～3人份

1 將洗乾淨的豆芽菜1包（200公克）倒入容器，
封上一層保鮮膜微波4分鐘。待餘熱散去。

2 將<u>各1大匙的雞高湯粉‧辣油</u>、<u>1小匙的蒜泥</u>
拌入瀝乾的步驟1食材。

POINT! 豆芽菜可泡在水裡降溫。不愛吃
辣的話，可將辣油換成麻油。

微波爐

節儉好幫手、成本
超低的一道料理！

惡魔韓式 涼拌辛奇豆芽菜

2～3人份

1 將洗乾淨的豆芽菜1包（200公克）倒入容器，
封上一層保鮮膜微波4分鐘。待餘熱散去。

2 將適量的辛奇（剁碎）、<u>各1大匙的雞高湯
粉‧麻油</u>拌入瀝乾的步驟1食材。

POINT!

微波後，豆芽菜可泡在
水裡降溫。

微波爐

百搭的
清爽滋味！

無限韓式涼拌 海帶芽豆芽菜

2～3人份

1 將豆芽菜1包（200公克）、乾燥的海帶芽1小
撮倒入容器，再加水，直到淹過所有食材的高
度。封上保鮮膜微波6分鐘，等待餘熱退散。

2 將<u>各1大匙的雞高湯粉、麻油</u>拌入瀝乾的步
驟1食材。

POINT!

豆芽菜可泡在水裡降
溫，然後瀝乾。

蔬菜 豆芽菜

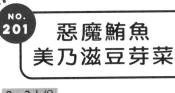

🔲 微波爐

NO. 201 惡魔鮪魚 美乃滋豆芽菜

2～3人份

1 將洗乾淨的豆芽菜1包（200公克）倒入容器，封上一層保鮮膜微波3分鐘。待餘熱散去。

2 將1罐鮪魚（70公克）、<u>2大匙美乃滋</u>、<u>1大匙麻油</u>、<u>1小匙雞高湯粉</u>拌入瀝乾的步驟**1**食材。

POINT!

豆芽菜可泡在水裡降溫。可視個人口味撒點蔥花。

完美的組合！

🔲 微波爐

NO. 202 惡魔海帶芽 生拌豆芽菜

2～3人份

1 將洗乾淨的豆芽菜1包（200公克）、乾燥的海帶芽2大匙倒入容器，再加<u>水</u>，直到淹過所有食材的高度。封上一層保鮮膜微波8分鐘，等待餘熱退散之後瀝乾。

2 將<u>各2大匙的燒肉醬、麻油</u>與<u>1大匙的醬油</u>拌入步驟**1**的食材。

POINT!

豆芽菜加熱後，可泡水降溫。撈出來瀝乾後，再與調味料拌勻。打顆蛋黃可增加生食的口感。

極低的成本，極佳的美味！

烹調 TIPS

將豆芽菜泡在水裡可去除特有的澀味，也能增加清脆的口感。

平底鍋

**酥脆爽口的
口感！**

NO.
203 ### 惡魔
天婦羅金針菇

1～2人份

1 將<u>2大匙麵粉</u>、<u>1大匙太白粉</u>、<u>1小匙雞高湯粉</u>拌勻，再裹在100公克的金針菇表面（先切掉根部，再拆散成適當的份量）。

2 將<u>3大匙的油</u>倒入平底鍋熱油後，以半煎半炸的方式加熱金針菇。

POINT! 煎到兩面上色為止。如果在每根金針菇裹粉，可煎得更加酥脆。

微波爐

配飯良伴！

NO.
204 ### 惡魔精力
醃漬金針菇

2～3人份

A 各4大匙的燒肉醬·麻油、
3大匙水、2大匙醬油、1小匙蒜泥

1 將食材 **A** 倒入容器後攪拌均勻，再倒入100公克金針菇（切掉根部）、1把韭菜（切末）。

2 封上一層保鮮膜微波3分鐘。等待餘熱散去即可。

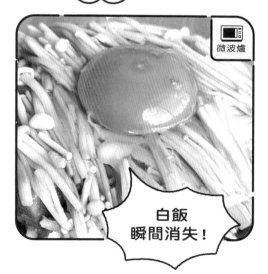

微波爐

**白飯
瞬間消失！**

無限金針菇 NO.
205

1～2人份

將100公克的金針菇（切掉根部，再將長度切成一半）放入容器，然後加入<u>2大匙燒肉醬</u>、<u>1大匙醬油</u>、<u>10公克奶油</u>，封上一層保鮮膜微波2分鐘。

POINT!

將食材鋪在白飯上面之後，打顆蛋，做成生蛋拌飯也很對味。

 NO. 206 橄欖油蒜味金針菇

平底鍋

很時髦的
下酒菜！

1～2人份

將4大匙的橄欖油、2小匙的蒜泥倒入平底鍋爆香，再放入100公克的金針菇（切掉根部，再將長度切成一半）、少許紅辣椒（切成小段），以小火拌炒後，再以各少許的鹽與胡椒調味。

POINT!

炒到金針菇變軟為止。可視個人口味鋪在法式棍子麵包上面。

 NO. 207 惡魔奶油舞菇佐橘醋醬

平底鍋

濃醇又清爽的
風味！

1人份

1 將10公克的奶油放入平底鍋加熱融化，再放入100公克的舞菇（拆散成一口大小）拌炒。

2 倒入各少許的鹽·胡椒與2大匙橘醋醬，再拌炒均勻。

POINT!

舞菇要炒到變色為止。追加奶油可讓味道變得更加誘惑。

 惡魔天婦羅舞菇 NO. 208

平底鍋

海味滿滿的
炸物！

1人份

1 將2大匙麵粉、各1大匙的太白粉·青海苔粉、1小匙的雞高湯粉拌勻。

2 將步驟1的食材裹在100公克的舞菇（拆散成一口大小）表面。

3 將3大匙的油倒入平底鍋，再放入步驟2的食材煎熟。之後可沾適量的麵味露再吃。

POINT! 煎到表面變色、口感酥脆為止。

烹調
TIPS

金針菇可隔著袋子將蕈柄切掉，就不會散得到處都是，也能節省不少時間。

平底鍋

海味燒烤風

NO. 209 海苔鹽炸杏鮑菇塊

1～2人份

1 將1包杏鮑菇（100公克）剖成薄片。

2 將<u>2大匙麵粉</u>、各1大匙的<u>太白粉</u>·<u>青海苔粉</u>、<u>½小匙</u>的<u>鹽</u>拌勻，再均勻裹在步驟1的食材表面。

3 將<u>3大匙</u>的<u>油</u>倒入平底鍋熱油，再放入步驟2的食材，以半煎半炸的方式煎熟。

電烤箱

滿滿的
香菇鮮味

整朵香菇佐美乃滋 NO. 210

1～2人份

1 將6朵香菇的蕈柄與蕈傘切開。

2 將蕈柄切成末，再與<u>適量的美乃滋</u>拌勻，然後鑲在蕈傘的背面，再蓋上適量的起司片。

3 送進電烤箱烤5分鐘，直到烤到上色為止。

POINT! 起司片可依照香菇的大小切成適當的大小。可視個人口味淋點橘醋醬或是燒肉醬再吃。

平底鍋

鮮嫩多汁的
風味！

NO. 211 蒜味奶油醬油菇排

1～2人份

1 將<u>10公克</u>的<u>奶油</u>放入平底鍋加熱融化後，倒入<u>1小匙</u>的<u>蒜泥</u>拌炒。

2 放入5朵香菇（切掉蕈柄），再煎到兩面上色後，淋入<u>1大匙醬油</u>。

微波爐

辣油不斷發出
香氣！

NO.
212

微辣油
煎白蔥

1～2人份

將1根白蔥（切成2公分長）、2大匙辣油、½小匙的雞高湯粉倒入耐熱容器拌勻，封上一層保鮮膜微波3分鐘。

POINT!

可視個人口味撒點黑胡椒，增添風味。

平底鍋

高湯的
香氣很舒服！

關西風
火烤香蔥

NO.
213

1～2人份

1 將1把青蔥（100公克，切成蔥花）、50公克的麵粉、50毫升的水、1大匙的顆粒高湯粉、1顆雞蛋倒入大碗，再快速拌勻。

2 將1大匙油倒入平底鍋熱油後，倒入步驟1的食材，再煎到兩面上色為止。

POINT!

可視個人口味淋上醬汁或是美乃滋。

NO.
214

一吃就上癮的
絕品秋葵

微波爐

讓筷子停不下來
的最強醬料！

2～3人份

A | 1大匙麻油、
各1小匙的醬油·豆瓣醬·蒜泥·砂糖

1 將10根秋葵倒入容器，封上一層保鮮膜微波1分半鐘。

2 待餘熱散去，切掉蒂頭，再以斜刀切成兩半。

3 拌勻食材A與步驟2，放冰箱冷藏10分鐘。

POINT!

如果牙籤沒辦法順利貫穿秋葵，就以10秒為單位，拉長微波的時間。

烹調
TIPS

鴻喜菇、杏鮑菇、金針菇要挑選蕈柄粗肥、色澤白皙的類型。

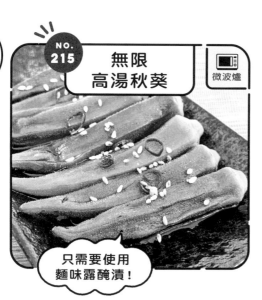

NO. 215 無限高湯秋葵

微波爐

只需要使用麵味露醃漬！

1～2人份

1 直接在裝在網袋裡面的1袋秋葵撒入些許的鹽，再於砧板上面揉醃。

2 將秋葵洗乾淨之後，去掉蒂頭，放入容器，封上一層保鮮膜微波2分鐘。

3 餘熱散去後，裝入袋中，再倒入4大匙的麵味露醃漬10分鐘。

喚醒食欲的一道料理

惡魔萬能韭菜醬 NO. 216

2～3人份

Ⓐ 6大匙醬油、各2大匙醋・砂糖・麻油、1小匙蒜泥

1 調勻食材Ⓐ。

2 把1把韭菜（切末）與步驟1的調味料拌勻，再放入冰箱冷藏1小時。

POINT! 將韭菜鋪在白飯上，再打一顆蛋黃就無敵美味。

超級下飯的料理！

NO. 217 無限醬油紫蘇

2～3人份

1 將醬油、麻油、燒肉醬各1大匙調勻。

2 將10瓣紫蘇葉泡在步驟1的調味料裡面，送進冰箱冷藏15分鐘。

POINT! 醬汁要裹在每片紫蘇葉上面。

NO. 218 惡魔蜂蜜奶油地瓜

微波爐

平底鍋

<1～2人份>

1 將1根地瓜（帶皮、滾刀切塊）放入容器，封上一層保鮮膜微波4分鐘。

2 將1大匙太白粉裹在步驟1的地瓜上，再將10公克的奶油放入平底鍋加熱融化，然後將地瓜放進去油煎。

3 關火後，拌入2大匙蜂蜜、適量起司粉與少許的鹽。

又脆又鬆的口感

NO. 219 奶油起司地瓜餅

微波爐

平底鍋

<2～3人份>

1 將3根地瓜（500公克）（去皮，滾刀切塊）放入容器，封上一層保鮮膜微波6分鐘。

2 將步驟1的地瓜碾成泥，再倒入各3大匙的牛奶與太白粉，攪拌至質地變得綿滑為止。

3 把步驟2的食材分成6等分，再將撕成一半的乳酪起司3片（45公克）包起來，然後把地瓜捏成球。

4 將適量的油倒入平底鍋熱油後，將地瓜球煎到兩面上色，再淋上適量的蜂蜜。

溫潤的甜味讓人放鬆！

NO. 220 御手洗奶油南瓜餅

微波爐

平底鍋

<1～2人份>

1 替500公克的南瓜去籽，再刮掉外皮，然後以滾刀切成塊。

2 封上一層保鮮膜微波6分鐘，再碾成南瓜泥。

3 將各3大匙的牛奶與太白粉拌入步驟2的食材，接著將食材分成4等分，再捏成圓餅狀。

4 將10公克的奶油倒入平底鍋加熱融化，再將步驟3的食材煎至兩面上色。

5 調勻2大匙砂糖、各1大匙的味醂與醬油，再淋在步驟4的食材上，煮到湯汁稍微收乾。

鬆軟的口感很療癒

烹調 TIPS

地瓜可先泡在水裡殺菁，最終的色澤也會比較好看！

蔬菜 酪梨

只需要將材料
拌在一起！

利用鮪魚的鮮味
提升滿意度！

鹽昆布與麻油
是知名配角！

NO.
221　**無限鮪魚
鹽昆布酪梨**

2人份

將1顆酪梨（切塊）、瀝過油的鮪魚1罐（70公克）、各1大匙的麻油·鹽昆布倒入袋中，稍微揉醃一下，放進冰箱冷藏10分鐘。

POINT!

酪梨可先剖開再去籽去皮。揉醃時要小力一點，以免酪梨被揉散。

**無限
生拌鮪魚酪梨**　NO.
222

2人份

1　將1顆酪梨（切塊）、瀝過油的鮪魚罐頭1罐（70公克）、各1大匙的麻油·燒肉醬、1小匙的醬油倒入大碗。拌勻後，放入冰箱冷藏10分鐘。

2　盛盤後，打1顆蛋黃在上面。

POINT!　酪梨可先剖開，刨除種子與外皮。之後再視個人口味撒點白芝麻。

NO.
223　**無限
鹽昆布酪梨**

2人份

將1顆酪梨（切塊）、各1大匙的鹽昆布·麻油倒入袋中揉醃後，放入冰箱冷藏10分鐘。

POINT!

酪梨可先剖開再去籽去皮。揉醃時要小力一點，以免酪梨被揉散。

忍不住伸手
挾來吃的美味！

NO. 224　無限醃漬整顆酪梨

2人份

1 將各1大匙的麵味露・麻油、1小匙的蒜泥倒入袋子拌勻，再放入1顆酪梨（切半，去皮去籽），與調味料混拌後，靜置10分鐘。

2 切片後，淋上適量的辣油。

POINT!
可視個人口味撒點白芝麻點綴。

口味爽快的 精力酪梨　NO. 225

2人份

A 各1大匙麵味露・麻油、
各1小匙醬油・豆瓣醬・蒜泥

1 將1顆酪梨（切半，去皮去籽）與調勻的食材 A 倒入袋子揉醃，再靜置10分鐘，等待入味。

2 在兩片酪梨的凹陷處各打1顆蛋黃，再撒上適量的白芝麻與蔥花。

POINT! 熟透的酪梨很容易去皮。

外觀與味道都
讓人超級滿意！

NO. 226　惡魔生拌山藥

2人份

1 調勻2大匙燒肉醬、各1大匙的醬油與麻油。

2 將100公克的山藥（去皮，切成短片）倒入大碗，再拌入步驟1的調味料。

POINT!
打顆蛋黃，讓味道變得更加誘人。

要小心
一吃就上癮！

烹調 TIPS

淋些檸檬汁可預防酪梨變色。

香橙很香！

爽味
高湯山藥

1～2人份

A 白高湯1大匙、管狀香橙醬1小匙、
鹽昆布1小撮、紅辣椒少許（切成短段）

1 將250公克的山藥切成條狀。

2 將調勻的食材**A**倒入袋中，再放入步驟**1**的
食材醃漬10分鐘。

平底鍋

酥脆與黏滑口感
同時存在

起司山藥餅

1～2人份

1 替300公克的山藥去皮，切成1公分立方的丁
狀，再與1小匙的法式顆粒高湯粉、50公克的
披薩專用起司拌勻。

2 將適量的油倒入平底鍋熱油後，將步驟**1**的
食材煎至兩面上色為止。

POINT!

可視個人口味撒點青海
苔粉。

微波爐

電烤箱

震撼力極強的
一道料理

培根美乃滋
山藥

1～2人份

1 替300公克的山藥去皮，切成薄片，放入容
器，封上一層保鮮膜微波4分鐘。

2 依序鋪上切碎的培根、美乃滋、披薩專用起
司（全部視個人口味調整份量）。

3 送入電烤箱烤5分鐘，直到烤出顏色為止。

清脆多汁的口感！

NO. 230　無限白蘿蔔

1～2人份

A 麻油 3 大匙、鹽昆布 1 大匙、鮮味粉 1 小匙、蒜泥 1 小匙、½小匙醬油、1 小撮鹽

1 替230公克的白蘿蔔去皮，再切成1公分寬的條狀。

2 將調勻的食材**A**與步驟**1**的食材倒入袋中，攪拌均勻，再靜置1小時，等待醃漬入味。

令人上癮的口感與滋味

生拌白蘿蔔　NO. 231

1～2人份

A 2 大匙燒肉醬、各 1 小匙的醬油・麻油

1 替10公分的白蘿蔔去皮，再切成1公分寬的條狀。

2 將步驟**1**與食材**A**倒入袋中拌勻，靜置1小時。

POINT!
追加白芝麻或辣椒絲就能吃個不停。

平底鍋

口感Q彈蘿蔔餅　NO. 232

1～2人份

1 將1根白蘿蔔（1公斤）磨成泥，再擠乾水分。

2 逐量拌入6大匙的太白粉之後，分成4等分再捏成圓餅。

3 將10公克的奶油放入平底鍋加熱融化後，放入步驟**2**的食材油煎，再淋入1大匙的醬油。

POINT! 徹底擠乾蘿蔔泥的水分，可以減少苦味。

奶油與醬油的香氣真是迷人！

烹調
TIPS

白蘿蔔先利用洗米水煮過，再泡在清水裡，可去除苦澀的味道。

白菜沒用完
就做成這道料理！

無限白菜

1～2人份

1　以1小匙的鹽揉醃⅛顆白菜，再靜置10分鐘。

2　徹底擠乾白菜的水分，再以15公克的鹽昆布、瀝過油的鮪魚1罐（70公克）、2大匙麻油、1小匙蒜泥涼拌。

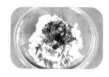

POINT!

加點紅辣椒與白芝麻也很美味！

電子鍋

無水豬五花白菜

1～2人份

1　將¼顆白菜、250公克豬五花肉片切成5公分寬的片狀。

2　將白菜與豬五花肉片輪流鋪在電子鍋裡面。

3　加入2大匙法式顆粒高湯粉，一般煮飯加熱。

POINT!

可加點蔥花或撒些黑胡椒提味。

濃縮的美味！

微波爐

白醬
培根白菜

1～2人份

1　將⅛顆的白菜（短段）、80公克的厚片培根（切成1公分寬）、50毫升的牛奶、150毫升的水、2塊白醬料理塊（36公克）倒入耐熱碗。

2　封上一層保鮮膜微波6分鐘，再攪拌均勻。

POINT!

微波加熱後，所有的美味都會被鎖住！

PART

05

雞蛋

啤酒瞬間
就見底了！

NO. 236

口水流不停的半熟蛋

2人份

1　將5個半熟蛋切成適當的厚度。

2　將2大匙的蔥花、各1大匙的醬油·
　　醋·辣油調勻，再淋在步驟1的食材。

※半熟蛋的製作方式請參考P8。

雞蛋
滷蛋

絕品 鹽蔥滷蛋

鹽蔥醬的滋味 十分突出！

NO. 237

2人份

A│白蔥10公分（切末）、麵味露4大匙、
　│雞高湯粉·麻油各1大匙、蒜泥1小匙

將5顆半熟蛋與食材A倒入袋中揉醃，再醃漬一晚。

POINT! 要吃的時候，可將半熟蛋切成一半，再淋上鹽蔥醬。可視個人口味加點七味辣椒粉或辣油，增加辣味。

NO. 238

究極 生拌風味滷蛋

酒就這樣咕嚕咕嚕地 喝進肚子！

2人份

1 將各2大匙燒肉醬·麻油、1大匙醬油、1小匙蒜泥調勻。

2 將5顆半熟蛋與步驟1的食材倒入袋子揉醃，再醃漬一晚。

POINT! 要吃的時候可以將半熟蛋切成兩半，再淋上醬料。

NO. 239

口感黏稠 炸半熟蛋

平底鍋

外酥內嫩的 口感

2人份

1 將2大匙的麵粉·太白粉、1大匙的雞高湯粉拌在一起，再裹在5顆半熟蛋的表面。

2 將3大匙的油倒入平底鍋熱油，再以半煎半炸的方式，讓半熟蛋的表面炸到酥脆。

POINT! 一邊讓雞蛋滾動，一邊煎到表面變成金黃色為止。

香料感十足！

NO.
240

咖哩滷蛋

2人份

1 將2大匙麵味露、2小匙咖哩粉、1小匙蒜泥攪拌均勻。

2 將5顆半熟蛋與步驟1的食材倒入袋中揉醃，再靜置一晚，等待入味。

POINT! 鋪在白飯上面吃也很美味。

NO.
241

無比美味
味噌半熟蛋

2人份

1 將3大匙麻油、1大匙味噌、1小匙蒜泥調勻。

2 將5顆半熟蛋與步驟1的食材倒入袋中揉醃，再靜置一晚，等待入味。

POINT! 將調味料拌到味噌完全化開之後再使用。

濃醇香！

NO.
242

惡魔半熟蛋

1～2人份

將各1½大匙的麻油・麵味露、適量的天婦羅花・青海苔粉、5顆半熟蛋放入大碗拌勻。

POINT! 輕輕攪拌，以免半熟蛋散掉。

又酥又嫩！

雞蛋・滷蛋

烹調
TIPS

帶殼的水煮蛋可冷藏3～4天，剝殼或是外殼有裂痕的水煮蛋應該立刻用完。

平底鍋

青海苔粉扮演了
重要的角色！

海潮風味 炸半熟蛋

2人份

1 將各2大匙的麵粉·太白粉、各1大匙的青海苔粉·雞高湯粉拌勻後，裹在5顆半熟蛋的表面上。

2 將3大匙的油倒入平底鍋熱油後，以半煎半炸的方式，炸熟半熟蛋的表面。

POINT! 一邊讓半熟蛋滾動，一邊讓半熟蛋的表面炸至金黃酥脆。

辛奇生拌半熟蛋

1～2人份

1 將5顆半熟蛋切成一口大小，再放入大碗。

2 將各1½大匙的燒肉醬·麻油、1½小匙的醬油、適量的辛奇（剁碎）拌勻，再與步驟1的食材拌勻。

POINT!
攪拌時，不要將半熟蛋攪到散掉。

超幸福的
速食菜色！

可當成油炸料理
的沾醬使用

微波爐

極上 塔塔醬半熟蛋

2～3人份

1 煮一鍋熱水，再將2顆雞蛋放進去煮5分鐘。將雞蛋撈到冷水裡再剝殼。

2 將¼顆洋蔥（切末）倒入容器，封上一層保鮮膜微波1分鐘。

3 將步驟1、2的食材、4大匙美乃滋、各1小匙的檸檬汁與砂糖拌勻，接著以少許的鹽、胡椒調味。

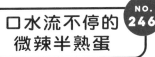

NO.
246

口水流不停的 微辣半熟蛋

1～2人份

1 將2大匙切成末的白蔥與各3大匙的醬油、醋、辣油拌在一起。

2 將5顆半熟蛋與步驟1的食材倒入袋中,醃漬3小時。

微辣的滋味
悄悄滲入半熟蛋

微波爐

NO.
247

究極滷蛋

2～3人份

1 將4大匙的醬油、3大匙的味醂、2大匙的酒、1大匙的砂糖倒入容器調勻,再微波2分鐘。

2 將5顆半熟蛋與步驟1的食材倒入袋中,醃漬3小時。

半熟蛋的
口感非常黏滑

NO.
248

韓式滷蛋

1～2人份

1 將40公克的白蔥與½顆的洋蔥切成末。

2 將各100毫升的醬油·水、3大匙的砂糖、1小匙的蒜泥與步驟1的食材拌在一起,再拌入5顆半熟蛋醃漬一晚。

POINT! 也可以放在白飯上做成丼飯!

幾顆
都吃得下去!

烹調
TIPS

白蔥可利用叉子順著纖維劃開,再切斷較粗的纖維。

微波爐

> 不用煎的
> 玉子燒！

起司玉子燒

NO. 249

1～2人份

1 將保鮮膜鋪在耐熱碗碗底，再將**3顆雞蛋**、**1大匙美乃滋**倒進去。攪拌均勻後，微波2分鐘。

2 連同保鮮膜一起將步驟**1**的食材撕下來。鋪上適量的披薩專用起司後，利用蛋皮包起來。

3 捏好形狀後，微波1分鐘，等待餘熱散去即可。

微波爐

> 利用微波爐
> 精準地控制火候

蕃茄炒蛋花

NO. 250

1～2人份

1 將**2顆雞蛋**、**1顆蕃茄**（滾刀切塊）、**1大匙美乃滋**、**各1小匙的麻油與雞高湯粉**倒入耐熱碗攪拌均勻。

2 封上一層保鮮膜微波2分鐘後，稍微攪拌一下再微波1分鐘。

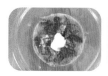

POINT!

這道料理適合不太會利用平底鍋控制火候的人。

平底鍋

> 使用油豆腐
> 就不需要瀝乾

油豆腐青椒雜燴

NO. 251

1～2人份

1 將**5顆青椒**切成絲，再將**2塊油豆腐**（300公克）撕成方便入口的大小。

2 將適量的麻油倒入平底鍋熱油後，倒入步驟**1**的食材，拌炒至青椒變軟為止。

3 拌入**1大匙的雞高湯粉**、**2顆量的蛋液**，再快速拌炒。

微波爐

微波加熱
超簡單！

用麵味露調味的 微波韭菜炒蛋

NO.
252

1～2人份

1 將2顆雞蛋、1把韭菜（切成3公分長）、1大
匙美乃滋、3大匙麵味露、1小匙麻油倒入容
器，攪拌均勻。

2 封上一層保鮮膜微波2分鐘之後，稍微攪拌
一下再微波1分鐘。

馬鈴薯 雞蛋沙拉

微波爐

利用微波爐
快速完成！

NO.
253

1～2人份

1 2顆馬鈴薯去皮切塊。微波6分鐘後壓成泥。

2 將3顆雞蛋打在耐熱碗裡，再攪拌5次，直到
蛋黃完全攪散為止。

3 封上一層保鮮膜微波2分鐘，並在蛋液完全
凝固之前不斷攪拌。

4 將步驟3、3大匙美乃滋、1小匙砂糖、少許胡
椒鹽倒入步驟1的食材再拌勻。

POINT! 在進行步驟2的時候，不要過度攪
拌蛋白與蛋黃。

微波爐

微波加熱
很簡單！

水嫩嫩的茶碗蒸

NO.
254

1人份

1 將1顆雞蛋、1大匙麵味露、120毫升的水拌
勻，再倒入大碗。

2 將適量的香菇片與魚板鋪在上面，封上一層
保鮮膜微波2分鐘。

POINT! 若需要調整微波加熱的時間，建
議以30秒為單位。蛋液若是利用
篩網濾到大碗，口感會更加綿滑。

減肥的人
也可以吃！

全世界最隨性的
烹調方式！

口感黏稠鬆軟
的半熟蛋包飯

不會用到菜刀
或是平底鍋！

燕麥蛋包飯

NO. 255

微波爐

1人份

1　將30公克的燕麥片、100毫升的水、切成碎塊的維也納香腸2根、2大匙蕃茄醬、1小匙雞高湯粉倒入容器，再微波3分鐘。

2　將1顆量的蛋液淋入步驟1的容器，再微波1分20秒。

POINT!

撒上青海苔或淋上蕃茄醬更加美味！

微波蛋包飯

NO. 256

微波爐

1人份

1　將200公克的白飯、切成圓片的維也納香腸（自行調整份量）、2大匙的蕃茄醬倒入耐熱碗拌勻後，封上一層保鮮膜微波2分鐘。

2　將2顆雞蛋與2大匙美乃滋拌勻後，倒在鋪有保鮮膜的淺盤上，再微波2分半鐘。

3　將步驟1的食材鋪在步驟2的食材上面。包起來之後，調整成蛋包飯的形狀。最後淋上適量的蕃茄醬即可。

1人份

1　將1碗白飯、撕成小塊的維也納香腸2根、2大匙的蕃茄醬倒入耐熱碗攪拌後，封上一層保鮮膜微波2分鐘。

2　將2顆雞蛋、2大匙牛奶與美乃滋倒入另一個耐熱碗，微波1分鐘。

3　稍微攪拌半熟的步驟2食材後，再微波30秒。

4　將步驟1的食材鋪在盤子裡，再讓步驟3的食材從大碗緩緩流入盤中。最後淋上蕃茄醬。

NO. 257

POINT!　如果步驟3的雞蛋沒有完全凝固，以10秒為單位，拉長加熱時間。

無限韭菜醬油生蛋拌飯

4人份

1 將1把韭菜切成1公分長，再倒入容器。

2 將各3大匙的醬油、麻油與燒肉醬拌勻，再淋在步驟1的食材上。放進冰箱冷藏15分鐘。

3 將白飯分成4碗，再於每一碗白飯鋪上2大匙步驟2的食材以及打1顆雞蛋。

續碗
續個不停

納豆生蛋拌飯

1人份

1 將辛奇（適當份量）切成方便入口的大小。

2 在1盒納豆中，加入步驟1的食材、納豆醬汁、各1大匙的燒肉醬·麻油，然後均勻拌在一起。

3 將步驟2的食材鋪在1碗白飯上，再打1顆蛋黃放在上面。

毫無力氣也能
完成這道料理！

明太子白醬生蛋拌飯

1人份

1 將100公克的明太子切成方便入口的大小，將50公克的奶油起司切成小塊。

2 將步驟1的食材、1顆蛋黃、蔥花（自行調整份量）鋪在1碗白飯上，最後再均勻淋入1大匙醬油。

只要切一切，就能做出
這道幸福無比的丼飯

烹調
TIPS

韭菜要選擇深綠色又帶有光澤的種類，不能選擇軟趴趴的種類。

雞蛋・荷包蛋・醃漬蛋黃的菜色

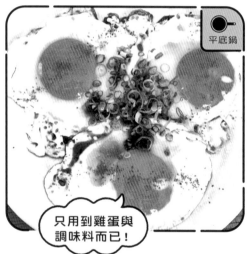

平底鍋

口味與黏滑的口感
與滷蛋無異！

NO. 261

生拌滷蛋風味的荷包蛋

1～2人份

1 將各1大匙的燒肉醬、麻油與醬油拌勻。

2 將適量的油倒入平底鍋熱油後，打3顆雞蛋進去，煎成荷包蛋。

3 荷包蛋煎好後關火，再淋上步驟1的食材。

平底鍋

只用到雞蛋與
調味料而已！

NO. 262

滷蛋風味的荷包蛋

1～2人份

1 先將各1大匙的醬油與砂糖調勻。

2 將適量的油倒入平底鍋熱油後，打3顆雞蛋進去，煎成荷包蛋。

3 荷包蛋煎好後關火，再淋上步驟1的食材。

POINT! 可以撒點蔥花增加重點。鋪在白飯上面，就是味道濃郁的生蛋拌飯！

味道超級濃厚！

NO. 263

醬油蛋黃

2～3人份

1 將4大匙的醬油、2大匙的麻油、1小匙的蒜泥倒入保鮮容器拌勻。

2 將5顆蛋黃倒入步驟1的容器中，再以保鮮膜當落蓋，送進冰箱冷藏一晚，等待入味。

POINT!
與蔥花一起倒在白飯上面就超級好吃！

補充精力！

NO. 264

蒜味味噌蛋黃

2～3人份

1　將100公克的味噌、2大匙麻油、1小匙蒜泥拌勻。

2　將一半份量的步驟1食材抹在容器裡面，再打5顆蛋黃。

3　將剩下的步驟1食材均勻抹在蛋黃上面，再送入冰箱冷藏一天。

POINT!　剩下的味噌可用來煮湯。

NO. 265

生拌醬味蛋黃

2～3人份

1　將4大匙的燒肉醬、2大匙的醬油、2大匙的麻油倒入容器攪拌均勻。

2　將5顆蛋黃打進步驟1的食材，再以保鮮膜當落蓋，送入冰箱冷藏一晚，等待入味。

可鋪在白飯上面一起吃

NO. 266

口水流不停的醃漬蛋黃

2～3人份

1　將10公分的白蔥切成末，再與各3大匙的醬油、醋、辣油一起倒入容器並攪拌均勻。

2　將5顆蛋黃打進步驟1的食材，再以保鮮膜當落蓋，送入冰箱冷藏一晚，等待入味。

POINT!　加點白飯與白芝麻，做成生蛋拌飯也很美味。

微辣美味！

PART
05

雞蛋 · 醃漬蛋黃的菜色

烹調
TIPS

讓雞蛋比較尖的那端朝下，就能讓蛋黃保持在正中央，也能拉長保存期限。

121

拿出1%幹勁就好

PART

06

豆腐

以最快的速度完成
經典中式菜色！

NO.
267

 微波爐

微波麻婆豆腐

1～2人份

1 將100公克的絞肉、各1大匙的雞高
湯粉・味噌、各2小匙的太白粉與水
倒入耐熱容器再攪拌均勻。

2 將300公克的嫩豆腐（切成一口大
小）倒入步驟1的食材，封上一層保
鮮膜微波4分鐘，稍微攪拌一下再微
波4分鐘。

只利用豆腐
增加份量！

電烤箱

NO.
268

起司豆腐焗烤

1～2人份

1　將各1大匙的味噌與美乃滋拌勻。

2　稍微擦乾300公克的嫩豆腐，再與步驟1的食材拌成糊狀。

3　將步驟2的食材倒入耐熱盤，鋪上適量的披薩專用起司，再送入電烤箱烤到上色為止。

　倒入耐熱盤後，讓底部摔幾下，藉此敲出空氣。

無限豆腐
海帶芽沙拉

NO.
269

1～2人份

1　將300公克的嫩豆腐（切成2公分丁狀）、1大匙的乾燥海帶芽（泡發）、適量的生菜（撕成小塊）盛盤。

2　將2大匙的麻油與1小匙的雞高湯粉拌在一起，再均勻淋在步驟1的食材上。

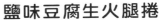　不喜歡洗碗盤的人，可直接用手將豆腐撕成小塊。

可別不小心
吃太多！

NO.
270

鹽味豆腐生火腿捲

1～2人份

1　將300公克的嫩豆腐擦乾，再將1小匙的鹽均勻抹在豆腐表面。利用廚房紙巾包住豆腐，再送入冰箱冷藏一晚。

2　將步驟1的食材切成一口大小，再利用100公克的生火腿分別包住每塊豆腐。最後淋入適量的橄欖油與黑胡椒即可。

　豆腐會在冷藏的時候大量出水，記得放在有一定深度的盤子。

黏滑濃郁！

烹調
TIPS

改用方便的鹽藏海帶芽就能冷藏保存三個月，可將這道料理列為常備菜色。

豆腐·嫩豆腐

含糖量超低！

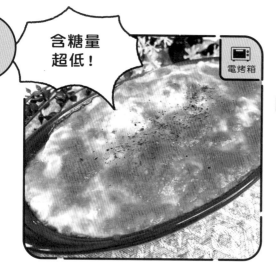

電烤箱

豆腐辛奇起司焗烤

NO. 271

1～2人份

1 稍微擦乾300公克的嫩豆腐，再放入耐熱盤裡面。

2 將1小匙的雞高湯粉、適量的辛奇（切碎）倒入步驟1的食材，再將食材拌成糊狀。

3 鋪上適量的披薩專用起司，再送入電烤箱，烤到上色為止。

POINT! 利用電烤箱加熱時，建議以5分鐘為單位，視情況調整加熱時間。

平底鍋

口感黏稠的辛奇起司豆腐韓式煎餅

NO. 272

2人份

1 將300公克的嫩豆腐攪拌成糊狀，再拌入4大匙的太白粉。

2 將適量的辛奇（切碎）與披薩專用起司拌入步驟1的食材裡面。

3 將1大匙麻油倒入平底鍋熱油後，將步驟2的食材均勻鋪在鍋底，再煎到兩面變色為止。

溫和的辣味！

豆腐雞塊

電烤箱

1～2人份

1 用菜刀拍拍300公克的雞胸肉，再放入袋子。

2 150公克嫩豆腐、1顆雞蛋、2大匙太白粉、1大匙美乃滋、½小匙雞高湯粉倒入步驟1拌勻。

3 將袋子的一角剪掉，再把食材於鋁箔紙上擠成雞塊形狀後，送入烤箱兩面各烤10分鐘。

POINT!

雞胸肉可先去皮，切成小塊再用菜刀拍。烤10分鐘之後，翻面再烤10分鐘。

沒用到半滴油，所以很健康！

NO. 273

豆腐・嫩豆腐

平底鍋

巨大豆腐雞肉丸

NO. **274**

份量滿分！

1～2人份

1 將200公克的雞胸絞肉、150公克的嫩豆腐、2大匙的太白粉倒入袋子裡攪拌均勻。

2 將適量的油倒入平底鍋熱油後，將步驟**1**的食材均勻鋪在鍋底，再煎至兩面上色為止。

3 將各1大匙的醬油・酒・味醂、1小匙的砂糖拌勻，再均勻淋在步驟**1**的食材上。

POINT! 可依照個人口味放上蛋黃、蔥花與白芝麻。

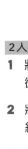

NO. **275**

微波爐

平底鍋

健康風味大阪燒

利用燕麥片增加份量

2人份

1 將30公克的燕麥片、100毫升的水倒入容器，微波3分鐘。

2 將150公克的嫩豆腐、100公克的高麗菜（切絲）、1小匙的顆粒高湯粉拌入步驟**1**的食材。

3 將適量的油倒入平底鍋熱油後，把步驟**2**的食材均勻攤在平底鍋，煎到兩面上色。

POINT! 可自行淋上醬汁或是美乃滋。翻面時，可先讓食材滑到盤子上，再蓋回平底鍋，就比較不會失敗。

NO. **276**

微辣鹽蔥涼拌豆腐

補充精力的豆腐料理

1～2人份

1 將150公克的嫩豆腐切成方便入口的大小。

2 將2大匙麻油、1小匙雞高湯粉、½小匙蒜泥拌在一起。

3 將步驟**2**的食材淋在步驟**1**的食材上面，再撒入適量的蔥花以及淋入適量的辣油。

烹調
TIPS

將菜刀的刀腹壓在蒜頭上面，就能利用體重輕鬆地壓扁蒜頭。

1分鐘
就能完成！

惡魔涼拌豆腐 NO.277

1～2人份

1 將各1大匙的麵味露、麻油與醬油拌在一起。

2 在300公克的嫩豆腐上面撒1大匙天婦羅花、1小匙青海苔與適量的蔥花，再淋上步驟1的食材。

POINT! 可以撒上大量的蔥花。

微波爐

麻油蘊藏著
芳醇的香氣

香脆吻仔魚涼拌豆腐 NO.278

1～2人份

1 將2大匙吻仔魚、1大匙麻油倒入容器拌勻，再罩一張廚房紙巾，微波5分鐘。

2 將300公克的嫩豆腐放在盤子上，再鋪1瓣紫蘇以及淋上步驟1的食材。

POINT!
可視個人口味淋上麵味露增味。

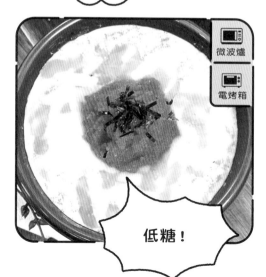

微波爐
電烤箱

低糖！

明太子起司豆腐焗烤 NO.279

1～2人份

1 將拆散的明太子（60公克）、2大匙美乃滋、½大匙麵味露拌勻。

2 利用廚房紙巾包住300公克的嫩豆腐，放在耐熱盤上面之後，微波1分半鐘。

3 將步驟1、2的食材拌成糊狀。

4 將步驟3的食材倒入耐熱盤，鋪上50公克的披薩專用起司，送入電烤箱烤到上色為止。

微波爐

微辣溫和的
滋味

辛奇起司溫拌豆腐

NO.
280

1～2人份

1 利用廚房紙巾包住150公克的嫩豆腐，放上
耐熱盤微波加熱1分鐘。

2 拆掉廚房紙巾，放在耐熱盤，再鋪上1片起司
片，微波30秒。

3 將2大匙麻油、少許的鹽與½小匙的蒜泥攪
拌均勻。

4 將辛奇（自行調整份量）鋪在豆腐上，再淋
入步驟3的食材。

微波爐

讓人一吃就上癮的
豆漿×豆腐

辣油
溫拌豆腐

NO.
281

1～2人份

1 利用廚房紙巾包住150公克的嫩豆腐，放上
耐熱盤微波加熱1分鐘。

2 拆掉廚房紙巾，再將嫩豆腐放到碗裡。

3 將50毫升的調味豆漿、½小匙的雞高湯粉拌
勻後，微波1分鐘再淋在步驟2的食材上。

4 淋入適量的辣油，再視個人口味撒入適量的
黑胡椒。

微波爐

高湯豆腐

NO.
282

1～2人份

1 利用廚房紙巾包住150公克的嫩豆腐，放上
耐熱盤微波加熱1分鐘。

2 將5大匙的麵味露、½小匙的薑泥倒入容器
拌勻，再微波30秒。

3 拆掉步驟1的廚房紙巾。盛盤後，淋入步驟2
的食材。

令人放鬆的滋味

平底鍋

健康又刺激的
滋味

蒜味奶油 豆腐排

NO. **283**

1～2人份

A | 醬油·酒·味醂各 1 大匙、
砂糖·蒜泥各 1 小匙

1 將300公克的**板豆腐**切成兩半,再以廚房紙巾擦乾,接著均勻裹上**1大匙的太白粉**。

2 將**10公克奶油**放入熱好鍋的平底鍋加熱融化後,將步驟**1**食材的表面煎出顏色,再均勻淋入調勻的食材**A**。

微波 肉豆腐

微波爐

非常入味的
道料

NO. **284**

1～2人份

A | 醬油 5 大匙、味醂·酒各 3 大匙、砂糖 2 大匙

1 切掉100公克的**金針菇**的根部,再將金針菇拆散,接著將300公克的**板豆腐**切成一口大小,再將200公克的**蒟蒻絲**稍微洗一下,然後切成方便入口的大小。

2 將步驟**1**的食材與200公克的**豬肉片**鋪在容器底部,再均勻淋入食材**A**。

3 封上一層保鮮膜微波6分鐘。攪拌後,再微波6分鐘。

POINT! 如果覺得蒟蒻絲的澀味很明顯,可先汆燙再使用!

一夜漬 豆腐

微波爐

整個過程
只需塗味噌!

NO. **285**

1～2人份

1 用廚房紙巾包住300公克的**板豆腐**,再微波2分半鐘,然後瀝乾。

2 將**4大匙味噌**、**2大匙味醂**拌在一起,再均勻抹在豆腐表面。

3 利用廚房紙巾包住步驟**2**的食材,接著再包一層保鮮膜,然後靜置一晚,等待入味。

4 刮掉味噌,再將豆腐切成方便入口的大小。

POINT! 可撒點蔥花或一味辣椒粉,賦予整道料理亮點。

平底鍋

養生
豆腐漢堡排

1～2人份

1　利用廚房紙巾包住150公克的板豆腐，接著邊擠乾板豆腐的水分，邊將板豆腐擠碎。

2　將步驟1、150公克的絞肉、1顆雞蛋、3大匙麵包粉倒入袋中拌均。分成兩等分後捏成圓形。

3　將適量的油倒入平底鍋熱油後，再放入步驟2的食材油煎。

POINT!　可淋點橘醋醬或是撒點蔥花。

蓬鬆的
口感

平底鍋

章魚豆腐雞肉丸

NO.
287

1～2人份

1　利用廚房紙巾包住150公克的板豆腐，接著邊擠乾板豆腐的水分，邊將板豆腐擠碎。

2　將步驟1的食材、100公克的水煮章魚（切成小塊）、2大匙太白粉、1小匙雞高湯粉、1小匙蒜泥倒入袋中拌勻。

3　將適量的麻油倒入平底鍋加熱，再於步驟2的袋子邊角剪出一個小口，然後在平底鍋擠出方便入口的大小，再煎到金黃酥脆即可。

利用健康的
食材製作

微波爐

豆腐肉捲

NO.
288

1～2人份

1　利用廚房紙巾包住300公克的板豆腐，接著放在耐熱盤上，微波1分鐘，再吸乾水分。

2　將步驟1的食材切成一口大小，再以150公克的豬里肌肉片分別包住每塊豆腐。將2大匙太白粉均勻裹在每塊食材表面。

3　將各2大匙的醬油、味醂、砂糖倒入容器調勻，再倒入步驟2的食材，均勻沾裹醬汁。封上保鮮膜微波3分鐘，翻面後再微波3分鐘。

黏稠美味！

烹調
TIPS

煎豆腐時先瀝乾水分再裹太白粉，表面才不會水水的，調味料才能裹在表面。

平底鍋

日本居酒屋的風味！

口水流不停的油豆腐

1～2人份

1　將2大匙蔥花、各1大匙的醬油、醋、辣油拌在一起。

2　將2塊油豆腐（300公克）切成方便入口的大小。

3　將1大匙麻油倒入平底鍋熱油後，將油豆腐的表面煎出顏色，再淋入步驟1的食材。

CP值最高的一道料理！

平底鍋

份量增加的油豆腐角煮

NO.
290

1～2人份

A　100毫升的水、
醬油·酒·味醂·砂糖各3大匙

1　將250公克的油豆腐切成一口大小。

2　以100公克的豬五花肉片包住步驟1的每塊豆腐，再讓1大匙的太白粉均勻裹在每塊豆腐的表面。

3　將1大匙的油倒入平底鍋熱油後，將步驟2的食材煎出顏色。

4　將食材A倒入步驟3的鍋中，稍微攪拌後，煮10分鐘。

POINT!
在進行步驟4的時候，可放入水煮蛋一起煮。

電烤箱

酥脆的口感
很美味！

NO.
291

辛奇起司
油豆腐

1～2人份

1　將2塊油豆腐（300公克）放入電烤箱烤5分
　鐘，烤到表面變得酥脆為止。

2　將適量的辛奇切成末之後，與50公克的披薩
　專用起司一起鋪在豆腐表面，再放進電烤箱
　烤3分鐘。

POINT!　視情況調整加熱時間。

豆腐．油豆腐

燉煮蘿蔔泥
風味的油豆腐排

平底鍋

令人心神沉靜的
日式風味

NO.
292

1～2人份

1　將200公克的白蘿蔔磨成泥，再稍微把水分
　擠乾。

2　將3大匙麵味露、1小匙薑泥與步驟1的食材
　拌在一起。

3　讓1大匙的太白粉裹在250公克的油豆腐表
　面上。

4　將1大匙的麻油倒入平底鍋熱油，再將步驟3
　的食材煎出顏色，然後淋入步驟2的食材。

烹調
TIPS

電烤箱

微波爐

無比濃厚
又超級美味！

明太子美乃滋
油豆腐

NO.
293

1～2人份

1　將2塊油豆腐（300公克）送進電烤箱烤5分
　鐘，烤到表面變得酥脆為止。

2　將撥散的明太子（60公克）與1大匙美乃滋、
　1小匙麵味露拌在一起。

3　依序將步驟2的食材、披薩專用起司（50公
　克）鋪在步驟1的食材表面，再微波2分鐘，
　直到起司融化為止。

油豆腐可冷藏2～3天，如果放進冷凍庫，大概可保存一個月。

豆腐・豆皮

油豆皮和風披薩

🔲 電烤箱

起司會融化！

NO.
294

1～2人份

1 在2張豆皮（60公克）的側面劃出刀口。

2 將1大匙美乃滋與1小匙味噌拌勻。

3 將步驟2的食材與披薩專用起司（自行調整份量）塞進步驟1的食材裡面。

4 送入電烤箱烤3分鐘左右，直到表面烤出顏色為止。

POINT! 放進電烤箱烤好之後，起司如果沒有融化，可放進微波爐繼續加熱。建議以10秒鐘為單位，調整加熱時間。

🔲 微波爐

與麵味露一起送進微波爐

NO.
295

油豆皮涼拌小松菜

1～2人份

1 將1包小松菜（250公克）切成3公分長，再將1張豆皮（30公克）切成1公分寬。

2 將各3大匙的麵味露、水倒入容器拌勻，再倒入步驟1的食材，封上保鮮膜微波3分鐘。

POINT!
撒點白芝麻，賣相更佳。

🔲 電烤箱

口感像是餅乾！

NO.
296

無限油豆皮下酒菜

1～2人份

1 將2張豆皮（60公克、切成1.5公分寬）鋪在鋁箔紙上面（不要重疊），再送進電烤箱烤3分鐘。翻面後，再烤3分鐘。

2 倒入盤子裡，再與1大匙麻油、½小匙雞高湯粉、少許黑胡椒拌在一起。

拿出1%幹勁就好

PART

07

下酒菜

麻油的香氣
是重點！

NO. 297

無限酪梨起司

1～2人份

1 將½顆的酪梨（去皮，切成薄片）、
50公克的奶油起司（切成1公分丁
狀）、1大匙麻油、2大匙麵味露倒
入袋中拌勻，再放入冰箱冷藏30分
鐘。最後撒入適量的白芝麻。

下酒菜

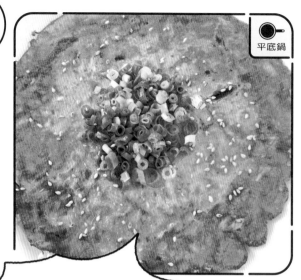

平底鍋

> 所有食材都是3大匙
> 再加1顆雞蛋！

辛奇起司
韓式煎餅

1～2人份

1 將各3大匙的辛奇、披薩專用起司、麵粉、水以及1顆雞蛋拌在一起。

2 將適量的麻油倒入平底鍋熱油，再緩緩倒入步驟1的食材，煎到兩面上色為止。

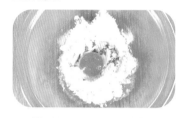

POINT!

撒點蔥花與白芝麻，再沾著橘醋醬吃，真的是無比美味。

電烤箱

> 不用炸
> 也很酥！

用電烤箱
製作的薯條

1～2人份

1 將2顆馬鈴薯（切成條）倒入袋子裡，再將各1大匙的太白粉、油倒入袋中，讓馬鈴薯均勻沾裹太白粉與油。

2 將步驟1的食材排在鋁箔紙上，再用烤箱烤15分鐘。最後撒少許的鹽。

POINT!

將鋁箔紙揉得皺皺的再攤開，食材就不容易黏在上面。

酸味與口感
都很舒服

平底鍋

顆粒芥末醬 小香腸炒豆芽菜

NO.
300

1～2人份

1 將各1大匙的顆粒黃芥末醬、醬油均勻拌在一起。

2 將適量的維也納香腸（斜切成兩半）倒入平底鍋乾炒，再倒入1包豆芽菜（200公克）快速拌炒。最後淋入步驟1的食材。

POINT! 為了保留豆芽菜的清脆口感，不要炒太久。

平底鍋

惡魔洋釀香腸

NO.
301

1～2人份

1 將適量的麻油倒入平底鍋熱油，再倒入適量的維也納香腸（在表面劃出刀口）拌炒。

2 將3大匙燒肉醬、各1大匙的蕃茄醬與砂糖拌勻，再淋在步驟1的食材上。

POINT! 維也納香腸先以菜刀斜劃出刀口。可視個人口味撒點白芝麻。

沾裹甜辣醬！

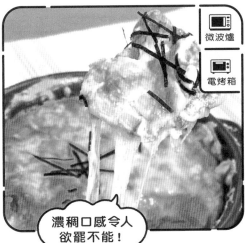

微波爐

電烤箱

明太子起司餅

NO.
302

1～2人份

1 將3塊方形年糕、3大匙的水倒入耐熱盤，微波1分鐘。

2 將適量的明太子、2大匙美乃滋、適量的披薩專用起司依序鋪在步驟1的食材表面。

3 送進電烤箱，直到表面烤出顏色為止。

POINT! 可視個人口味撒點海苔絲。

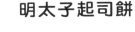

濃稠口感令人
欲罷不能！

烹調
TIPS

在燉煮食材的時候，可利用鋁箔紙當落蓋。

微波爐

山葵與高湯
非常對味！

雞柳小黃瓜佐芥末醬油

NO. 303

1～2人份

1 將2條雞柳、1大匙酒倒入耐熱碗攪拌均勻後，封上一層保鮮膜微波3分鐘。倒掉湯汁，再將雞柳拆成雞絲。

2 將½根小黃瓜（切絲）、1大匙醬油、少許山葵醬、1小匙顆粒高湯粉倒入步驟1的碗中再攪拌均勻。

POINT! 雞柳可利用叉子或筷子拆成雞絲。

平底鍋

喀哩喀哩的口感教人無法抗拒！

橄欖油蒜香雞胗

NO. 304

1～2人份

1 將200公克的雞胗切成兩半，再去除白色薄膜（銀皮），然後在表面劃出刀口。

2 將步驟1的食材、1小匙蒜泥倒入平底鍋，再倒入足以淹過所有食材的橄欖油。

3 煎到雞胗熟透後，再撒入少許的鹽與胡椒。

POINT! 將雞胗切成兩面，再切掉白色的部分，然後在正中央劃出刀口。

微波爐

鹹香鹹香最美味！

馬鈴薯生火腿捲

NO. 305

2人份

1 將2顆馬鈴薯（去皮，滾刀切塊）倒入容器，封上一層保鮮膜微波5分鐘。

2 將步驟1的食材碾成泥，接著倒入4大匙的牛奶，再攪拌至質感變得綿滑為止。

3 利用100公克生火腿包住步驟2的食材。

POINT! 馬鈴薯要趁熱碾成泥。將馬鈴薯泥鋪在每片生火腿上面再包起來。

NO.
306

極上起司黑輪

平底鍋

2人份

1 將4片起司片切成兩半,再塞進8根竹輪的孔洞裡。

2 將各2大匙的太白粉、麵粉與6大匙的水拌成麵糊,再讓步驟1的食材過一次麵糊。

3 將3大匙的油熱油,再以半煎半炸方式煮熟。

POINT! 可利用筷子較粗的那端將起司塞進竹輪。可沾美乃滋加七味辣椒粉。

我家就是
居酒屋!

NO.
307

起司黑輪棒

平底鍋

2人份

1 將牽絲起司條2根垂直切成4條。

2 將步驟1的起司塞進8根竹輪的孔洞。

3 將適量的麵粉、1顆量的蛋液、適量的麵包粉倒在不同的容器裡。

4 讓步驟2的食材依序沾裹麵粉、蛋液與麵包粉,再以適量的油(5公分高左右)炸熟。

濃稠酥脆的
口感!

NO.
308

鱈寶起司燒

平底鍋

2人份

1 分別將2片鱈寶切成¼的正方形。

2 在鱈寶的側面劃出刀口,再將適量的披薩專用起司塞進刀口。

3 將10公克的奶油倒入平底鍋。加熱融化後,放入步驟2的食材油煎。

4 均勻淋入1大匙醬油,再煎到表面變色即可。

奶油的香氣
令人心曠神怡

烹調
TIPS

雞胗若以大火加熱,風味就會揮發,所以要以小火慢慢燉。

NO. **309**

這道料理
可瞬間完成！

鮪魚鹽昆布 無限小黃瓜

1～2人份

1 將1根小黃瓜切成薄片，再切成三等分。

2 讓步驟**1**的食材與瀝乾油的2罐鮪魚（140公克）、15公克的鹽昆布與2大匙麻油拌勻。

POINT! 如果覺得用菜刀切很麻煩，可用廚房剪刀將小黃瓜剪成任意大小，再倒入袋子，以擀麵棍拍出裂縫。

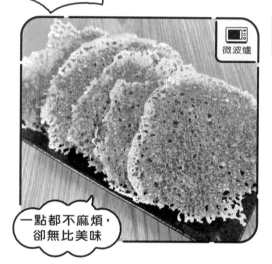

微波爐

一點都不麻煩，
卻無比美味

酥脆起司煎餅

NO. **310**

1人份

將披薩專用起司（自行調整份量）薄薄一層地撒在烘焙紙上面，再微波2分半鐘。

POINT!

2大匙披薩專用起司大概可做出一片煎餅。

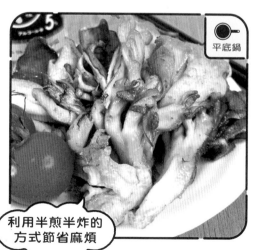

平底鍋

利用半煎半炸的
方式節省麻煩

鹽味 炸舞菇塊

NO. **311**

1～2人份

1 將2大匙麵粉、各1大匙太白粉與雞高湯粉拌成麵衣。

2 將1棵舞菇（100公克）撕成方便入口的大小，再均勻沾裹步驟**1**的食材。

3 將3大匙的油倒入平底鍋熱油，再放入步驟**2**的食材，以半煎半炸的方式加熱。

NO. 312

海苔鹽蓮藕片

平底鍋

1～2人份

1　將10公分的蓮藕切成薄片。

2　將3大匙的油倒入平底鍋熱油，再放入蓮藕油炸。

3　撒入少許的鹽與青海苔粉。

剛炸好的
最美味！

NO. 313

無限海苔芽
韓式涼拌菜

微波爐

1～2人份

1　將1大匙的乾燥海帶芽（2公克）與適量的水倒入容器，封上一層保鮮膜微波1分鐘。以清水沖洗，讓泡發的海帶芽降溫。

2　海帶芽完全降溫後，將1大匙的雞高湯粉、2大匙麻油、1小匙蒜泥拌入步驟1的食材。

3　盛盤後，視個人口味撒入適量的白芝麻與辣油點綴。

這就是海帶芽
的真本事！

烹調
TIPS

NO. 314

油漬黑胡椒
生火腿起司

1～2人份

A　2大匙橄欖油、½大匙醬油、
　適量黑胡椒

1　將4塊加工起司（約50公克）切成一口大小。

2　以生火腿（自行調整份量）包住起司。

3　將步驟2的食材與食材A拌勻，醃漬10分鐘左右。

與葡萄酒非常
對味的時髦風味

水分較多的舞菇若先乾炒再放進冷凍庫，就能長期保存。

139

甜辣起司年糕

平底鍋

微波爐

利用多餘的年糕即可
做出正統的風味

NO.
315

2人份

A 3大匙蕃茄醬、
各2大匙韓式辣醬·砂糖·水、2小匙蒜泥

1 將4塊方形年糕切成1公分寬。

2 將食材**A**調勻後,倒入平底鍋,以中火煮滾,
再倒入步驟**1**的食材與4根維也納香腸,接著
不斷拌炒,以免年糕黏在鍋底。

3 將食材倒入容器後,鋪上適量的披薩專用起
司,再微波2分半鐘,撒入適量的青海苔粉。

POINT! 如果年糕硬得切不斷,可先微波一
下再切。

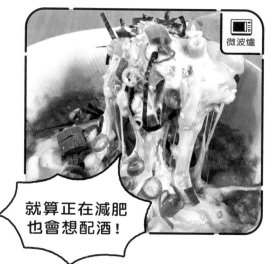

微波爐

就算正在減肥
也會想配酒!

辛奇起司燕麥

NO.
316

2人份

1 將100毫升的水倒入30公克燕麥片,再微波
加熱1分鐘,然後攪拌均勻。

2 將步驟**1**的食材與2大匙燒肉醬、1大匙麻油、
切碎的辛奇(自行調整份量)拌在一起。

3 鋪上披薩專用起司(自行調整份量),再微
波加熱1分鐘。

POINT! 可撒點海苔絲或蔥花,也可以打一
顆蛋黃,真的超級美味喲!

微波
鮪魚焗烤

微波爐

電烤箱

利用白醬粉就能
快速完成這道料理

NO.
317

1～2人份

1 將½顆洋蔥切成月牙狀。

2 將步驟**1**的食材、1罐鮪魚(70公克)、3大匙
的白醬粉、200毫升的水倒入耐熱碗拌勻,封
上一層保鮮膜微波6分鐘。攪拌均勻後,再微
波2分鐘。

3 將步驟**2**的食材緩緩倒入焗烤盤,再鋪上披
薩專用起司(自行調整份量),再送入電烤
箱,烤到表面變色為止。

NO. 318 台灣乾拌麵

（平底鍋）

利用泡麵
就能煮好！

A 泡麵調味粉½包、味醂‧醬油各1大匙、
豆瓣醬‧韓式辣嫩醬‧砂糖‧蒜泥各1小匙

1～2人份

1 將½把韭菜切成1公分長。

2 將醬油風味的泡麵（1人份）放入熱水煮2分
鐘，再以篩網瀝乾水分。

3 將1大匙的麻油倒入平底鍋熱油，再將100公
1 克的豬絞肉與食材**A**倒入鍋中拌炒。

4 將步驟**1**、**2**、**3**的食材與適量的蔥花、海苔
絲、柴魚粉（或是柴魚片）撒在容器裡，再打
1顆蛋黃在上面。

NO. 319 快速油炸披薩

（電烤箱）

從披薩醬
開始製作

A 2大匙蕃茄醬、1小匙蒜泥、
少許胡椒鹽

1～2人份

1 在2張豆皮的側面劃出刀口。

2 將食材**A**調成的醬汁與披薩專用起司（自行
調整份量）塞進豆皮的刀口之中。

3 送進電烤箱烤3分鐘，直到表面變色為止。

POINT!

可視個人口味放入培根
或是其他配料。

NO. 320 鮪魚罐頭的生拌下酒菜

真的只需要
攪拌就完成了！

1～2人份

1 先將1罐鮪魚（70公克）的油瀝乾。

2 讓步驟**1**的食材與各1大匙的燒肉醬與麻油、
1小匙的醬油拌在一起。

POINT!

加入紫蘇與蛋黃更美
味！

下
酒
菜

微波爐

利用微波爐加熱，
創造鬆軟的口感

德式煎 馬鈴薯小香腸

NO. 321

1～2人份

1. 將2顆去皮的馬鈴薯切成一口大小，將維也納香腸（自行調整份量）斜切成兩半。

2. 將步驟**1**的食材、2小匙法式高湯粉、10公克奶油倒入容器，封上一層保鮮膜微波4分鐘。

3. 攪拌均勻後，再微波4分鐘。

POINT! 微波的途中，拿出來攪拌均勻再繼續微波，整體會更入味。

義式 生魚片風味的扇貝

NO. 322

1～2人份

將各1大匙的橄欖油·醬油、少許的檸檬汁、100公克的生食級干貝放入袋中，稍微攪拌一下，再放進冰箱冷藏10分鐘。

又時髦又隨性的
下酒菜

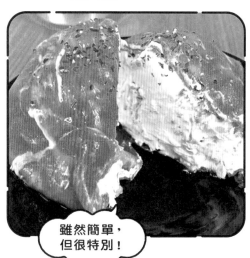

柿種起司球 生火腿捲

NO. 323

1～2人份

1. 讓200公克的奶油起司放至室溫。

2. 將30公克的柿種壓成碎塊，再與步驟**1**的食材拌成糊。

3. 將步驟**2**的食材捏成圓球，再以100公克的生火腿包起來。

POINT! 可視個人口味淋點橄欖油，或是撒點青海苔粉與黑胡椒。

雖然簡單，
但很特別！

部隊鍋風味的拉麵

NO.
324

起司的口感
十分黏稠

1人份

1 將1把韭菜切成10公分長，再將維也納香腸（自行調整份量）切成兩半。

2 依照泡麵包裝上的標示煮一大鍋水，再將辣味泡麵的調味粉與佐料、1大匙麻油倒入鍋中再加熱。

3 煮沸後，將辣味泡麵的麵條與步驟1的食材倒入鍋中，再鋪上披薩專用起司。

4 蓋上鍋蓋，等待再次煮滾。

POINT! 將熱水換成牛奶、豆漿，味道會更溫和。

平底鍋

無限蔥醬餃子

NO.
325

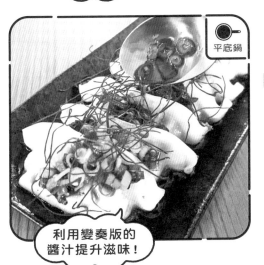

利用變奏版的
醬汁提升滋味！

1～2人份

1 煎熟1包冷凍餃子（12個）。

2 將2大匙蔥花、各1大匙醬油·醋·辣油拌勻，再淋在步驟1的食材上面。

平底鍋

蒜香奶油醬油章魚飯

NO.
326

讓人湧現
力量的滋味！

1～2人份

1 將100公克的水煮章魚切成1公分的丁狀。

2 平底鍋熱鍋，再放入10公克的奶油。加熱融化後，放入步驟1的食材與1小匙的蒜泥拌炒。

3 拌入150公克的白飯與1大匙的醬油。

POINT! 可撒點歐芹增色。可視個人口味追加奶油。

烹調
TIPS

如果手邊有多的干貝，可與蔬菜、奶油或醬油一起炒，或是做成炸物與什錦飯。

拿出1%幹勁就好

PART

08

生魚片

超簡單，
風味卻超正統

NO.
327

白醬日本鮭魚

1～2人份

1　將100公克的生食級日本鮭魚（薄片）、1大匙的鹽昆布（約15公克）倒入袋子裡面，均勻揉醃之後，放入冰箱冷藏20分鐘。

2　利用步驟1的食材將60公克的奶油起司（切成1公分寬）包起來。

生魚片 • 日本鮭魚

芝麻橘醋醬
日本鮭魚

1～2人份

將100公克的生食級日本鮭魚（切成薄片）、各1大匙的白芝麻與橘醋醬倒入袋子裡，均勻揉醃後，放入冰箱冷藏10分鐘。

POINT!

揉醃時不要太用力，以免鮭魚被揉散。

可以吃個不停的
一道料理

蠔油日本鮭魚

1～2人份

將200公克的生食級日本鮭魚（切成薄片）放入大碗，再拌入各2大匙的蠔油、麻油與1小匙的蒜泥，放入冰箱冷藏10分鐘。

POINT!

鋪在白飯上面之後打顆蛋黃，做成特別的漬物丼飯也不錯！

味道醇厚
有層次！

無限鹽昆布
日本鮭魚

1～2人份

將100公克的生食級日本鮭魚（切成薄片）、各1大匙的鹽昆布與麻油倒入袋子裡，均勻揉醃後，放入冰箱冷藏10分鐘。

POINT! 為了讓調味料均勻分布在鮭魚上，揉醃時不要太用力。

徹底發揮
鮭魚的鮮味！

烹調
TIPS

涼拌與揉醃都很好用的保鮮袋，能幫助我們快速收拾善後。

生魚片・日本鮭魚

檸檬的味道
非常清爽

義式生魚片風味的日本鮭魚

1～2人份

將100公克的生食級日本鮭魚（切成薄片）、各1大匙的橄欖油‧醬油與適量的檸檬汁倒入大碗，均勻攪拌後，放入冰箱冷藏10分鐘。

POINT! 可視個人口味撒上大量的蔥花。

讓啤酒被秒殺的
一道料理

無限辛奇生拌鮭魚

1～2人份

1 將150公克的生食級日本鮭魚切成薄片。

2 將30公克的泡菜切碎。

3 以各1大匙的燒肉醬‧麻油與1小匙的醬油涼拌步驟**1**、**2**的食材。

POINT! 可視個人口味追加蛋黃、紫蘇與白芝麻。

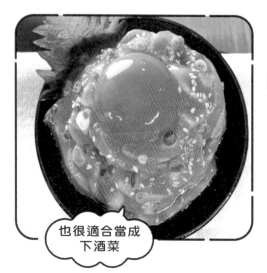

也很適合當成
下酒菜

鹽味生拌鮭魚

1～2人份

1 將100公克生食級鮭魚切成細條。

2 讓步驟**1**的食材與2大匙麻油、1小匙蒜泥、½小匙雞高湯粉攪拌均勻。

3 盛盤後，打一顆蛋黃。

POINT! 也可撒點蔥花、白芝麻與紫蘇。

NO. 334 蛋黃醬漬鮪魚

微波爐

非常下飯的
一道料理

1～2人份

1 將1½大匙的醬油、各1大匙的味醂·酒倒入容器調勻,微波1分鐘再放涼備用。

2 接著將100公克的生食級鮪魚切成方便入口的大小。

3 將步驟**1**、**2**的食材倒入袋中攪拌均勻,再冷藏1小時,等待入味。

4 盛盤後,打一顆蛋黃。

POINT! 微波加熱可讓酒精揮發。

NO. 335 油煎奶油蒜味醬油鮪魚

簡單的
極品醬汁

平底鍋

1～2人份

1 將10公克的奶油倒入熱好的平底鍋,等到奶油融化後,放入1片大蒜拌炒。

2 炒出香氣後,將150公克的生食級鮪魚煎到表面上色為止。

3 從鍋中取出鮪魚,再將各1大匙的醬油、酒、味醂倒入平底鍋,煮到湯汁收乾為止。

4 將鮪魚切成適當大小後盛盤,再淋上步驟**3**的食材。

POINT! 也可以撒點黑胡椒提味。

NO. 336 洋釀風味的大塊鮪魚酪梨

也可以
做成丼飯!

1～2人份

A. 韓式辣椒醬·燒肉醬·麻油·蕃茄醬·砂糖各1大匙

1 將食材**A**調勻,再放入100公克的生食級鮪魚(切塊)、去皮去籽的酪梨1顆(切塊),醃漬10分鐘。

2 盛盤後,打一顆蛋黃。

烹調
TIPS

日本鮭魚在烹調之前,可先撒點鹽,鎖住鮮味。

生
魚
片
·
鮪
魚

簡單
就是最強！

NO.
337

橘醋醬鮪魚

1～2人份

1　將2大匙橘醋醬、½小匙的蒜泥調勻。

2　以步驟**1**的食材醃漬100公克生食級鮪魚（切成薄片）10分鐘。

3　將1大匙蔥花與1½小匙薑泥拌在一起，再與步驟**2**的食材一併盛盤。

NO.
338

濃厚
青蔥生拌鮪魚

1～2人份

1　將2大匙燒肉醬、各1大匙醬油與麻油拌入200公克的蔥花鮪魚泥。

2　盛盤後，打一顆蛋黃。

下飯又配酒的
一道料理

NO.
339

萬能青蔥
生拌鮪魚佐美乃滋

1～2人份

1　將100公克的蔥花鮪魚泥、2大匙美乃滋、½大匙醬油、1小匙麻油拌在一起。

2　將步驟**1**的食材盛入盤中，打一顆蛋黃，再撒點白芝麻（自行調整份量）。

利用美乃滋
改變味道！

**NO.
340**

義式
生魚片風味的鯛魚

1～2人份

1　首先將100公克的生食級鯛魚切成方便入口的大小。

2　將步驟1的食材、各1大匙的橄欖油·醬油、少許檸檬汁倒入袋中。攪拌均勻後,冷藏10分鐘。

> **POINT!**　撒點蔥花或青海苔粉也很美味。

清爽的酸味

**NO.
341**

橄欖油
油漬鯛魚

1～2人份

1　先將100公克的生食級鯛魚切成方便入口的薄片。

2　將2大匙橄欖油、½大匙醬油、適量的黑胡椒調勻,再與步驟1的食材拌勻。靜置10分鐘,等待入味。

3　盛盤後,打一顆蛋黃。

這次使用
黑胡椒這種香料

**NO.
342**

芝麻味噌鯛魚

1～2人份

1　將各2大匙的味噌·麵味露、1大匙白芝麻、2小匙砂糖拌在一起。

2　將100公克的生食級鯛魚(切成薄片)拌入步驟1的食材,靜置10分鐘,等待入味。

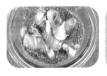

> **POINT!**
> 可視個人口味點綴些許的碎紫蘇。

只需要攪拌與
醃漬就完成了!

烹調
TIPS

低脂又鮮味豐厚的鯛魚很適合長期重訓的人食用。

拿出1%幹勁就好

PART
09

飯類

與蛋黃
超對味

NO.
343

超商美乃滋丼

1人份

1 將1罐醃牛肉罐頭（80公克）、**1大匙美乃滋**、½大匙醬油、少許黑胡椒倒入大碗，攪拌均勻。

2 盛一碗白飯，再鋪上步驟**1**的食材以及打一顆蛋黃。

日本鮭魚波奇丼

NO. 344

麻油的香氣特別突出！

1人份

1 將各1大匙的醬油·麻油、½小匙的蒜泥、1小匙的蠔油拌在一起，再與150公克的日本鮭魚（切塊）、½顆酪梨（切塊）拌勻。

2 盛一碗白飯，再將步驟1的食材鋪在上面。打一顆蛋黃，再撒入適量的黑胡椒。

POINT!
切塊的食材切得大塊一點才能保留口感。在打蛋黃之前，可先在步驟1的食材正中央預留一個凹槽。

至福牛排丼

平底鍋

NO. 345

用山葵讓滋味變得更淡雅

1人份

1 在100公克牛排肉撒上些許的鹽，再以平底鍋煎熟，接著切成適當的大小。

2 盛一碗白飯，再鋪上步驟1的食材，然後點綴適量的山葵醬。

POINT!
牛排肉的熟度可自行調整。也可以淋點醬油再開動。

烹調 TIPS

如果是帶有湯汁的丼飯，建議把飯煮得硬一點。

照燒午餐肉滑蛋丼

平底鍋

非常配飯的一道料理！

NO. 346

1人份

A 醬油·酒·味醂各1大匙、砂糖1小匙

1 將1大匙油倒入熱好鍋的平底鍋，再將1罐340公克的午餐肉（切成2公分丁狀）倒入鍋中油煎。倒入事先調勻的食材 **A** 之後，讓午餐肉均勻沾裹食材 **A**。

2 讓1顆量的蛋液與1大匙的牛奶調勻，再將10公克的奶油放入平底鍋。待奶油完全融化後，倒入蛋液，做成炒蛋。

3 盛一碗白飯，再將步驟1、2的食材鋪在上面。最後撒入適量的海苔絲。

151

平底鍋

吃維也納香腸
吃個過癮

惡魔蒜香奶油香腸丼

1人份

1. 將10公克的奶油倒入平底鍋加熱至融化後，放入適量的維也納香腸（切成1公分寬），再倒入各1小匙的蒜泥與醬油拌炒。

2. 盛一碗白飯，再將步驟1的食材鋪在上面，最後打一顆蛋黃。

POINT! 可視個人口味追加奶油，享受油膩的罪惡感。

喚醒食慾的
一道料理

鹽蔥鯛魚丼

1人份

A 麻油1大匙、蒜泥1小匙、鹽1小撮、檸檬汁與黑胡椒各少許

1. 將1大匙的白蔥蔥花與食材A調成醬汁，再與100公克的生食級鯛魚拌在一起，然後冷藏10分鐘，等待入味。

2. 盛一碗白飯，再鋪上步驟1的食材，然後打一顆蛋黃。

脆脆的口感
很迷人！

生拌章魚丼

1人份

1. 將2大匙燒肉醬、各1大匙醬油與麻油、100公克的生食級水煮章魚（切成薄片）倒入袋子裡，均勻揉醃後，冷藏10分鐘，等待入味。

2. 盛一碗白飯，再將步驟1的食材鋪在上面。

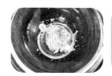

POINT!

加上蛋黃、白芝麻與紫蘇會更加美味。

> 沒想到天婦羅花
> 居然這麼搭！

NO. 350

惡魔蔥花鮪魚丼

1人份

1 將2大匙天婦羅花、<u>1大匙</u>麵味露、1小匙青海苔粉拌入150公克蔥花鮪魚泥。

2 將步驟**1**的食材鋪在一碗白飯上。

POINT!
追加蔥花與蛋黃，這道料理會變得更豪華！

> 步驟
> 也太簡單了吧！

微波爐

NO. 351

鰤魚丼

1人份

1 將1½大匙<u>醬油</u>、各1大匙味醂與<u>酒</u>倒入容器拌勻，封上一層保鮮膜微波1分鐘。

2 當步驟**1**的食材放涼後，將1小匙的蒜泥與150公克的生食級鰤魚（切成薄片）倒入袋中攪拌均勻，再冷藏30分鐘，等待入味。

3 將步驟**2**的鰤魚鋪在一碗白飯上。

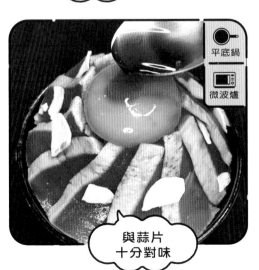

> 與蒜片
> 十分對味

平底鍋

微波爐

NO. 352

鮪魚排丼

1人份

1 將1大匙的油倒入平底鍋熱油後，放入150公克的鮪魚塊，稍微將表面煎出顏色。

2 將步驟**1**的食材切成方便食用的大小。

3 將各1大匙的醬油、味醂倒入容器攪拌均勻，再微波30秒。

4 將步驟**2**的食材鋪在一碗白飯上，再撒上適量蒜片，打一顆蛋黃並淋上步驟**3**的食材。

PART
09

飯類料理
丼類

烹調
TIPS

洗米不要洗得太用力，讓米粒充分吸水與蒸透，就是煮出美味白飯的祕訣！

利用燒肉醬
快速醃漬入味！

至高
鮪魚生拌丼

1人份

1　先將100公克的生食級鮪魚切成方便入口的大小。

2　將各1大匙的燒肉醬・麻油、1小匙的醬油以及步驟**1**的食材倒入袋子裡，攪拌均勻後，冷藏10分鐘，等待入味。

3　盛一碗白飯，再鋪上步驟**2**的食材與打一顆蛋黃。

烤牛肉生拌丼

1人份

1　將市售的烤牛肉100公克切成短片。

2　將隨附的醬料、1大匙麻油、½大匙韓式辣椒醬調勻，再倒入步驟**1**的食材醃漬10分鐘。

3　盛一碗白飯，再鋪上步驟**2**的食材與1片紫蘇、1顆蛋黃，再撒入適量的白芝麻。

利用市售的
烤牛肉變出花樣

平底鍋

這樣就很好吃了，
對吧！

荷包蛋小香腸
蒜味奶油醬油丼

1人份

1　加熱平底鍋，放入10公克奶油加熱融化後，放入2條維也納香腸（表面劃出花刀）拌炒。

2　將維也納香腸推到平底鍋的邊緣，再打一顆雞蛋，做成荷包蛋。

3　調勻1大匙醬油與1小匙蒜泥，再淋入步驟**2**的鍋中。

4　盛一碗白飯，再將步驟**3**的食材鋪在上面。

最豪邁的
一道料理

**NO.
356**

微波爐

整片明太子丼

1人份

1 將各1大匙的醬油、砂糖與味醂倒入容器調匀，微波1分鐘。

2 將1片明太子切成方便食用的大小。

3 將步驟**2**的食材、適量的烤海苔碎片、白芝麻、蔥花、紅辣椒絲鋪在一碗白飯上，再淋入步驟**1**的食材。

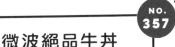

**NO.
357**

微波爐

微波絕品牛丼

1人份

1 將¼顆洋蔥切成薄片。

2 將各1大匙的酒·味醂·高湯醬油、½小匙的砂糖倒入耐熱碗攪拌均匀，再倒入步驟**1**的食材與100公克的牛肉片。讓食材均匀沾裏醬汁後，封上一層保鮮膜微波4分鐘。

3 盛一碗白飯，再鋪上步驟**2**的食材。可視個人口味追加適量的紅薑。

製作步驟簡單的
黏滑洋蔥

生火腿辣椒丼

**NO.
358**

1人份

1 將150公克的生火腿切碎。

2 將步驟**1**的食材與適量的紅辣椒（切成小段）、1大匙橄欖油、1小匙蒜泥拌在一起。

3 盛一碗白飯，鋪上步驟**2**，打一顆蛋黃。

POINT! 切生火腿的時候，讓生火腿疊在一起可增加口感。

衝擊味蕾的
西式丼飯

烹調
TIPS

利用省時丼飯快速補充活力！很適合在沒有時間又想吃飽飽的時候煮。

155

微波精力豬肉丼

微波爐

補充能量！

NO. 359

1人份

1　將⅓根白蔥切成片。

2　將1½大匙醬油、各1大匙的味醂·砂糖、1小匙的蒜泥、½小匙的雞高湯粉倒入容器攪拌均勻。

3　將步驟**1**的食材與100公克的豬肉片、少許胡椒鹽倒入步驟**2**的容器裡，封上一層保鮮膜微波4分鐘。

4　盛一碗白飯，再將步驟**3**的食材與1顆溫泉蛋鋪在上面。最後撒入蔥花與白芝麻（都可自行調整份量）。

微波爐

就像是店家的味道！

NO. 360

雞腿叉燒美乃滋丼

1人份

Ａ｜醬油·砂糖·酒各 3 大匙、美乃滋 1 大匙

1　將食材Ａ倒入容器拌勻後，放入300公克去皮的雞腿肉，再讓雞腿肉均勻沾裹醬汁。

2　封上一層保鮮膜微波3分鐘。將雞肉翻面，再微波3分鐘，之後靜置放涼。

3　將雞肉切成塊，鋪在一碗白飯上，淋入適量的美乃滋。最後打一顆蛋黃與撒一些蔥花。

微波爐

莫名懷念的滋味

NO. 361

滑蛋丼

1人份

1　將½顆洋蔥切成薄片。

2　將2大匙麵味露、各1大匙的白高湯·砂糖倒入容器拌勻，再倒入洋蔥，封上一層保鮮膜微波5分鐘。

3　將2顆量的蛋液拌入步驟**2**的容器之中再將保鮮膜封回去，微波1分鐘。

4　將步驟**3**的食材鋪在一碗白飯上。

平底鍋

吸引力十足的
辛奇起司炒飯
NO. 362

口感黏稠的起司
讓人欲罷不能啊！

1人份

1 將適量的麻油倒入平底鍋熱油後，倒入40公克的培根（切成1公分寬）拌炒，再倒入150公克的白飯、50公克的辛奇、1顆量的蛋液、1小匙雞高湯粉、各少許的鹽與胡椒拌炒。

2 將步驟1的食材盛入加熱之後的煎鍋，再於周圍撒入適量的披薩專用起司。

電子鍋

電子鍋炒飯
NO. 363

不會用到平底鍋！

2人份

1 將300公克的白米（先洗過）、1大匙雞高湯粉、½大匙的醬油、略少於360cc的水倒入電子鍋，再攪拌均勻。

2 加入切塊的維也納香腸，以一般方式煮飯。

3 倒入蔥花、1大匙麻油與2顆量的蛋液，蓋上鍋蓋保溫5分鐘。趁著雞蛋半熟時拌勻。

 POINT! 建議水加少一點。可視個人口味利用鹽與胡椒調味。

電子鍋

電子鍋
辛奇炒飯
NO. 364

韓式拌飯的風味！

2人份

1 將300公克的白米（先洗過）、2大匙燒肉醬、1大匙雞高湯粉、1小匙蒜泥、略少於360cc的水倒入電子鍋再攪拌均勻。

2 加入適量的維也納香腸（切塊）與辛奇，再以一般的方式煮飯。

3 倒入2顆量的蛋液、1大匙麻油與適量的蔥花，蓋上鍋蓋保溫5分鐘，再攪拌均勻。

烹調
TIPS

蔥花或白芝麻都是能讓料理瞬間增色不少的配料。

飯
類
料
理
・
飯
捲
・
肉
燥
飯

🔲 微波爐

味道衝擊味蕾的
飯捲！

🔲 微波爐

也很適合當成
便當！

🍳 平底鍋

食慾爆發！

NO. 365

惡魔
起司紫菜捲

2～3人份

1　將150公克的白飯與適量的辛奇（切碎）、<u>1
　　大匙的燒肉醬</u>拌在一起。

2　將1整張烤海苔鋪在保鮮膜上，再鋪上步驟
　　1，將2根牽絲起司條排在中央捲起來。

3　切成一口大小後，在海苔抹上<u>適量的麻油</u>，
　　再微波2分鐘。

> **POINT!** 如果起司沒融化，可視情況拉長微
> 波的時間。

惡魔辛奇起司
飯糰

NO. 366

2人份

1　將<u>2大匙的燒肉醬</u>、<u>1大匙麻油</u>、適量的辛奇
　　（切碎）與150公克的白飯拌勻。

2　將1張烤海苔（整張）鋪在保鮮膜上面，再將
　　2片起司片疊在左上角，然後將半量的步驟**1**
　　食材鋪在右側。

3　從左下角開始依序對折，接著包一層保鮮
　　膜，再微波1分鐘。另一個飯糰也以相同的方
　　式製作。

NO. 367

甜辣肉燥飯

1人份

A｜酒・醬油各1大匙、砂糖・味醂各2小匙、
　　蒜泥1小匙、鹽・胡椒各少許

1　將<u>1大匙的麻油</u>倒入平底鍋熱油後，倒入<u>100
　　公克的綜合絞肉</u>拌炒，再倒入食材**A**，炒到
　　湯汁收乾為止。

2　將步驟**1**的食材與適量的蔥花拌在一起。在
　　盤子上盛一碗白飯，再鋪上剛剛的食材。

3　將一顆雞蛋煎成荷包蛋，再鋪在步驟**2**上面。

冷製雞高湯茶泡飯

NO. **368**

1人份

1 以<u>50毫升的熱水</u>調開<u>1小匙雞高湯粉</u>，再與<u>100毫升的水</u>調勻。

2 將步驟1的食材淋在一碗白飯上，再鋪上適量的蔥花與白芝麻，最後淋上<u>1小匙的麻油</u>。

POINT!

常溫的水很難調開雞高湯粉，所以要改用熱水。白飯的部分可以使用冷飯。如果想要讓這道料理變得更冰涼，可減少水量，加點冰塊。

能有效解決夏季倦怠的問題

微波爐

濃厚卡波納拉飯

NO. **369**

1人份

1 將一碗白飯、<u>75毫升牛奶</u>、<u>10公克奶油</u>、<u>2小匙法式顆粒高湯粉</u>、<u>2大匙起司粉</u>、<u>各少許的鹽與胡椒</u>倒入容器再攪拌均勻。

2 加入<u>2片培根</u>（撕成碎塊），封上一層保鮮膜微波2分鐘。

3 盛盤後，打一顆蛋黃，再撒入少許的黑胡椒點綴。

就用這盤料理滿足身心！

烹調
TIPS

話題十足的胡椒飯

NO. **370**

1人份

1 將<u>150公克的牛肉片</u>、<u>2大匙燒肉醬</u>倒入容器，讓牛肉片均勻沾裹醬汁後，封上一層保鮮膜微波2分鐘。

2 將<u>150公克的白飯</u>盛入盤子裡，再鋪上步驟1的食材、適量的玉米粒（水煮）與蔥花。

3 在中央放<u>10公克的奶油</u>，撒入適量黑胡椒。

POINT!

如果奶油遲遲不融化，可以微波加熱一下。

微波爐

有很多肉！

微波爐

味道雖然濃厚，
卻沒有半點罪惡感！

豆漿味噌奶油減重粥

1人份

1 將200毫升的豆漿（無調整）、1大匙味噌倒入容器，再攪拌至味噌完全化開為止。

2 將30公克的燕麥片倒入步驟1，微波3分鐘。

3 將1顆雞蛋打入步驟2的容器，再以牙籤在蛋黃戳幾個洞，微波1分鐘。

POINT! 可將燕麥片換成100公克的白飯。為了避免雞蛋爆炸，要戳幾個洞。

微波爐

利用微波爐製作經典的中華料理！

蟹味棒天津飯

1人份

A 100毫升的水、各1大匙的醬油‧砂糖、1小匙的醋、½小匙的雞高湯粉、½大匙的太白粉

1 將2顆雞蛋、適量的蟹肉棒（拆散）、1大匙的美乃滋倒入容器。攪拌均勻後，封上一層保鮮膜微波1分鐘。重新攪拌後，再微波40秒。

2 食材**A**倒入別的容器拌勻，微波1分半鐘。

3 將步驟1的食材鋪在一碗白飯上面，再淋入步驟2的食材，然後鋪上適量的蔥花。

特濃微波咖哩

1人份

將½顆洋蔥（切成薄片）、100公克豬肉片、1小匙蒜泥、2塊咖哩塊、100毫升的水倒入容器，封上一層保鮮膜微波5分鐘。攪拌均勻後，淋在一碗白飯上。

POINT! 可視個人口味打顆蛋黃以及附上福神漬。

微波爐

5分鐘即可完成！

微波爐

NO.
374

微波乾咖哩

1〜2人份

1　將½顆洋蔥切成末

2　將步驟**1**的食材、150公克的綜合絞肉、1小匙的蒜泥、2塊咖哩塊、10公克奶油倒入容器，封上一層保鮮膜微波5分鐘。

3　攪拌均勻後，再微波5分鐘。

4　在盤子盛入適量的白飯再淋上步驟**3**的食材。

POINT!

奶油可用乳瑪琳代替，也可以加點歐芹或打一顆溫泉蛋點綴。

微波爐

NO.
375

米蘭風焗烤飯

2人份

1　在150公克的白飯淋上1包市售的卡波納拉義大利麵醬料（260公克），均勻攪拌後，再倒入耐熱盤。

2　在步驟**1**的食材上面鋪上披薩專用起司（自行調整份量），再淋上市售的義大利麵肉醬1包（260公克），微波3分鐘。

POINT!

最後若是利用電烤箱烤出顏色，就更有米蘭風味。

烹調
TIPS

可多試試市售的咖哩塊或是義大利麵醬料，從中找到喜歡的味道。

微波爐

微波加熱義大利麵
醬料＆起司！

即食明太子奶油焗烤飯

NO. 376

2人份

1 將市售的義大利明太子白醬1包（260公克）拌入150公克的白飯，再倒入耐熱盤。

2 在步驟1的食材鋪上披薩專用起司（自行調整份量），微波3分鐘。

POINT! 可利用明太子或海苔絲當點綴！

微波爐

明明一下子就完成，看起來卻很豪華！

整塊起司燉飯

NO. 377

1～2人份

1 將一碗白飯、100毫升牛奶、1大匙法式顆粒高湯粉、1片培根薄片（切碎）倒入耐熱盤攪拌均勻。

2 將6片加工起司鋪在上面，微波3分鐘。最後打一顆蛋黃。

POINT! 可視個人口味追加起司粉或黑胡椒增添風味！

電子鍋

豬肉的鮮味也是調味料！

豬五花鹽蔥炊飯

NO. 378

2～3人份

1 將洗好的白米300公克與水（一般煮飯的份量）倒入電子鍋，再拌入各1小匙的雞高湯粉、醬油、蒜泥、麻油。

2 鋪滿200公克的豬五花薄肉片，再以一般的方式煮飯。最後攪拌均勻即可。

POINT! 可視個人口味追加蔥花與黑胡椒。這道料理比較清淡，可撒點鹽。

起司非常黏稠！
充滿西式料理風味！

NO. 379 惡魔炊飯

電子鍋

2人份

1 將洗好的白米300公克與水（一般煮飯的份量）倒入電子鍋，再拌入各1小匙的法式顆粒高湯粉、醬油、蒜泥、橄欖油。

2 將180公克的培根厚片（切成1公分寬）、卡門貝爾起司1塊（6片裝、100公克）鋪在上面，再以一般的方式煮飯。最後攪拌均勻即可。

POINT! 可視個人口味撒點歐芹與黑胡椒。

梅乾鮪魚炊飯 NO. 380

電子鍋

2～3人份

1 將洗好的白米300公克與水（一般煮飯的份量）倒入電子鍋，再拌入3大匙的麵味露。

2 將1罐鮪魚（70公克）連同鮪魚油一併倒入電子鍋，再將去籽剁成梅乾的蜂蜜梅乾4顆倒入電子鍋，然後以一般的方式煮飯。

3 攪拌均勻後，盛入碗中，再鋪上碎紫蘇（自行調整份量）。

瞬間在胃裡
消失無蹤的美味！

烹調
TIPS

梅肉除了很美味，還有許多健康效果，例如可消除疲勞與促進脂肪燃燒。

NO. 381 芥末牛肉炊飯

電子鍋

2～3人份

1 將洗好的白米300公克與水（一般煮飯的份量）倒入電子鍋，再拌入2大匙燒肉醬。

2 倒入200公克牛肉片、10公克奶油，再以一般的方式煮飯。

3 攪拌均勻後，盛入碗中，再鋪上適量的蘿蔔嬰與山葵醬。

奶油與山葵是
最佳拍擋

電子鍋

令人上癮的
柔和香氣與滋味

扇貝奶油醬油 炊飯

NO. 382

2～3人份

1 將洗好的白米300公克與水（一般煮飯的份量）、3大匙醬油倒入電子鍋

2 將100公克的扇貝與10公克奶油倒入電子鍋，再以一般的方式煮飯。最後攪拌均勻即可。

POINT! 也可以撒點蔥花。

電子鍋

想要大快朵頤時
的最佳選擇

豬五花起司炊飯

NO. 383

2～3人份

1 將洗好的白米300公克與水（一般煮飯的份量）、各1小匙的雞高湯粉·醬油·蒜泥·麻油倒入電子鍋再攪拌均勻。

2 將200公克的豬五花薄肉片滿滿地鋪在白米上，接著在正中央鋪上6片起司，再以一般的方式煮飯。

3 均勻攪拌後，撒上適量的黑胡椒。

電子鍋

滿滿的
鮮味！

鹽蔥雞肉炊飯

NO. 384

2～3人份

1 將洗好的白米300公克與水（一般煮飯的份量）、各1大匙的雞高湯粉·醬油·麻油與1小匙的蒜泥倒入電子鍋，再攪拌均勻。

2 將切成一口大小的雞腿肉（300公克）滿滿地鋪在白米上，再以一般的方式煮飯。最後攪拌均勻即可。

POINT! 可視個人口味撒點蔥花與黑胡椒。

電子鍋

喚醒食慾的香氣

舞菇奶油炊飯

NO. 385

2〜3人份

1 將洗好的<u>白米300公克</u>與<u>水（一般煮飯的份量）</u>、<u>4大匙麵味露</u>倒入電子鍋，再拌勻。

2 倒入<u>1包舞菇</u>、<u>1罐鮪魚（70公克）</u>、<u>10公克奶油</u>，再以一般的方式煮飯。最後拌勻即可。

POINT!
盛入碗中之後，可追加奶油。

電子鍋

做成美味的西式料理！

整顆蕃茄的鮪魚炊飯

NO. 386

2〜3人份

1 將洗好的<u>白米300公克</u>與<u>水（一般煮飯份量）</u>、<u>1大匙法式顆粒高湯粉</u>倒入電子鍋拌勻。

2 切掉<u>1顆蕃茄</u>的蒂頭，於上面劃十字刀口。

3 將步驟**2**的食材與<u>1罐鮪魚（70公克）</u>倒入步驟**1**的電子鍋，再以一般的方式煮飯。

POINT! 飯煮好後，可像是劃開蕃茄般攪拌。最後可撒點起司粉或胡椒鹽。

電子鍋

放入整顆新洋蔥！

和風奶油鮪魚炊飯

NO. 387

2〜3人份

1 將洗好的<u>白米300公克</u>與<u>水（一般煮飯的份量）</u>、<u>2大匙醬油</u>倒入電子鍋再攪拌均勻。

2 在<u>1顆剝皮的新洋蔥</u>劃出十字刀口。

3 將步驟**2**的食材、<u>鮪魚1罐（70公克）</u>、<u>10公克奶油</u>倒入步驟**1**的電子鍋，再以一般的方式煮飯。

POINT! 可視個人口味追加奶油與胡椒鹽！

烹調TIPS

扮演辛香料的蒜頭能去除肉味，建議大家隨時準備這類佐料。

165

平底鍋

一定能吃得很撐的
一道料理！

1～2人份

1 將切碎的泡菜（自行調整份量）、1大匙燒肉醬、各1小匙的雞高湯粉、蒜泥拌入150公克的白飯，再捏成三顆飯糰。

2 將適量的麻油倒入平底鍋熱油，將飯糰的表面煎出顏色。

3 煎出顏色之後，在這三顆飯糰分別鋪上1片起司（總計3片，共54公克），讓起司融化。

平底鍋

甜甜的，
很美味

NO.
389

**玉米鮪魚起司
飯糰**

1～2人份

1 將1罐鮪魚（70公克）、各2大匙的水煮玉米·披薩專用起司·醬油拌入150公克的白飯，再捏成飯糰。

2 將10公克的奶油放入加熱後的平底鍋，待奶油融化後，將飯糰的每個面煎得有點酥脆。

平底鍋

熱量炸彈

NO.
390

惡魔烤飯糰

1～2人份

1 將各2大匙的麵味露、天婦羅花、青海苔粉均勻拌入150公克的白飯裡，再捏成飯糰。

2 將適量的麻油倒入平底鍋熱油，再將飯糰的表面煎出顏色。

POINT!
加點白芝麻與紫蘇會更美味！

中間的起司很濃稠

平底鍋

惡魔韓式烤牛肉起司飯糰

1〜2人份

1 將50公克的牛肉片、2大匙燒肉醬、1小匙蒜泥拌在一起,再放入平底鍋拌炒。

2 將步驟1的食材與適量的披薩專用起司當成飯糰的配料,與150公克的白飯捏成飯糰。

3 將1大匙的麻油倒入平底鍋熱油,再將步驟2的飯糰表面煎出顏色。

平底鍋

起司肉捲飯糰

1〜2人份

1 將50公克的白飯(4顆飯糰共200公克)攤在保鮮膜上,再將插著衛生筷的牽絲起司條1根(需要4根)放在上面,以白飯包起來。

2 拆掉步驟1的保鮮膜,包上50公克的豬五花薄肉片(4顆為200公克),再裹上太白粉。

3 將1大匙的麻油熱油,將食材表面煎出顏色。

4 淋2大匙燒肉醬。

包在衛生筷上面!

平底鍋

辛奇美乃滋鮪魚飯糰

1〜2人份

1 將瀝乾油的鮪魚罐頭1罐(70公克)、2大匙美乃滋、½大匙醬油、切碎的辛奇(自行調整份量)拌在一起。

2 讓150公克的白飯與步驟1的食材拌在一起,再捏成飯糰。

3 將1大匙的麻油倒入平底鍋熱油,再將步驟2的飯糰表面煎出顏色。

4 包上適量的韓國海苔。

韓式風味!

烹調
TIPS

鮪魚罐頭的油可用來炒菜,能讓蔬菜多一些鮪魚的風味與鮮味。

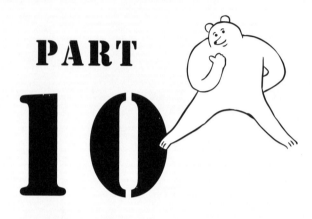

拿出1%幹勁就好

PART 10

麵包

令人無法忽視的罪惡感！

NO.
394

 電烤箱

惡魔美乃滋起司蛋吐司

1人份

1 在1片吐司麵包的邊緣擠上<u>適量的美乃滋</u>。

2 鋪上適量的披薩專用起司，再打一顆雞蛋，然後放入電烤箱烤至金黃酥香。

電烤箱

塔塔醬 洋蔥吐司

NO. 395

1人份

1 將¼顆新洋蔥（切末）、2大匙美乃滋、各少許的鹽·胡椒·檸檬汁拌在一起。

2 將步驟1的食材鋪在1片吐司表面，再於正中央打一顆雞蛋，然後送進電烤箱烤熟。

POINT! 可以在吐司的正中央壓出一個小凹槽，避免雞蛋流到外面。可以裹著蛋液享用。

新洋蔥的甜味與美乃滋很對味！

電烤箱

牽絲起司 蜂蜜吐司

NO. 396

1人份

1 在1片吐司上面，依序疊上披薩專用起司（自行調整份量）、蜂蜜（自行調整份量）、披薩專用起司（自行調整份量）、1片吐司。

2 送進電烤箱烤至金黃酥香為止。

POINT! 黑胡椒也很對味！

只需要將三種材料夾在一起烤熟

平底鍋

平底鍋煎 起司吐司

NO. 397

1～2人份

1 在2片吐司的某一面抹上適量的美乃滋。

2 將10公克奶油放入平底鍋加熱融化後，放入1片吐司，再鋪上適量的披薩專用起司。接著將另一片吐司疊在上面，再以小火煎到兩面上色為止。

POINT! 將沒有抹美乃滋的兩面煎出顏色，要吃時可先切成方便入口的大小。

清理也很輕鬆！

烹調 TIPS

以切斷纖維的角度將洋蔥切成末，才能讓新洋蔥釋放甜味！

NO. 398

究極半熟蛋熱三明治

可當成雞蛋沙拉的雞蛋或是水煮蛋使用！

🔲 電烤箱

1～2人份

1 煮一鍋熱水，將4顆雞蛋（放至室溫）放入煮6分半鐘，接著撈出來放在冷水，再剝殼。

2 將步驟**1**的2顆雞蛋碾散，再與**2大匙美乃滋**、**1小匙黃芥末醬**、**少許蒜泥**拌在一起。

3 將步驟**2**的食材、2顆水煮蛋、步驟**2**的食材依序鋪在2片吐司（先烤過）的其中一片，再將另一片吐司疊在上面，然後切成兩半。

POINT!

夾好後，可先包在紙裡面，再以菜刀連同紙一併切成兩半，水煮蛋就不會掉出來。

酪梨火腿起司熱三明治

NO. 399

有很多配料！

🔲 電烤箱

1～2人份

1 將**1小匙檸檬汁**、**2大匙美乃滋**、**各少許的鹽與胡椒**拌在一起。

2 將½顆的酪梨（去皮，切成5公分寬）、步驟**1**的食材、1片火腿、1片起司片挾在2片吐司（8片裝的吐司）裡面。

3 以菜刀壓扁吐司的四個角落，再送進電烤箱煎到上色為止。

NO. 400

豪華牛排熱三明治

⚫ 平底鍋

🔲 電烤箱

肉多到滿出來了！

1～2人份

A 奶油10公克、味醂・砂糖各1小匙、醬油2小匙、蒜泥½小匙

1 在200公克的牛排肉撒**少許的鹽與胡椒**，均勻揉醃後，將**少許的油**倒入平底鍋熱油，再倒入牛肉煎熟。

2 倒入食材**A**，讓醬汁均勻沾裹牛肉。

3 在烤過的2片吐司（8片裝吐司）抹上**適量的顆粒黃芥末醬**，再將切成一口大小的步驟**2**食材挾在裡面。

麺
包

熱
三
明
治
·
三
明
治

讓人無法抵抗的
烤吐司

🔲 電烤箱

惡魔牽絲起司
鮪魚熱三明治

1～2人份

1 1大匙的美乃滋拌入瀝乾油的罐頭鮪魚1罐。

2 將適量的披薩專用起司、步驟1的食材、適量的披薩專用起司依序挾在2片吐司裡面。

3 送進電烤箱，烤到上色為止。

POINT! 如果起司沒有徹底融化，可視情況拉長加熱時間，每次可拉長1分鐘左右。

起司火腿蛋
三明治

🔲 電烤箱

1～2人份

Ⓐ 美乃滋1大匙、蜂蜜·顆粒黃芥末醬各1小匙、鹽·胡椒各少許

1 煮一大鍋熱水，將2顆雞蛋放進去煮12分鐘。將雞蛋撈到冷水裡剝殼，再碾成泥。

2 將食材Ⓐ調勻。

3 將步驟1的食材、步驟2的食材、1片火腿、1片起司片挾在烤過的2片吐司裡面。

POINT!
1片吐司鋪上火腿、起司、步驟1，另一片吐司抹上步驟2，再夾在一起。

與蜂蜜黃芥末醬
非常對味！

**NO.
402**

隱約的辣味
很刺激！

芥末美乃滋
生火腿起司三明治

**NO.
403**

1～2人份

1 將2大匙美乃滋、½大匙醬油、½小匙山葵醬調勻。

2 在1片吐司上面，依序疊上步驟1的食材、100公克的生火腿、60公克的奶油起司（切成1公分丁狀）、步驟1的食材、1片吐司之後，再切成兩半。

烹調
TIPS

水煮蛋可邊壓邊滾動，讓蛋殼出現裂縫，才會比較好剝。

微波爐

只靠微波做出
極品料理！

NO. 404 道地的 雞蛋三明治

1～2人份

A 美乃滋3大匙、砂糖‧鹽‧胡椒各少許、黃芥末醬適量（自行調整份量）

1 將3顆雞蛋打在耐熱碗裡，攪拌5次後，封上一層保鮮膜微波2分鐘。

2 打散雞蛋，再拌入食材**A**。

3 在切了邊的吐司4片抹上適量的奶油，再挾入步驟2的食材。

POINT!

將雞蛋打成蛋液時，要盡可能打散蛋黃，但不要過度攪拌蛋白與蛋黃。

平底鍋

利用綜合
美式鬆餅粉製作，
一下子就能完成！

NO. 405 起司美式熱狗

4根量

1 將150公克的綜合美式鬆餅粉、4大匙牛奶、1顆雞蛋拌在一起。

2 將4根牽絲起司條串在竹籤上，再裹上步驟1的食材。

3 依序讓步驟2的食材沾裹1顆量的蛋液與適量的麵包粉，再將3大匙的油倒入平底鍋熱油，然後將食材放進去，以半煎半炸的方式煎熟。

POINT!

可視個人口味淋上蕃茄醬或是黃芥末醬。如果起司涼掉，沒辦法拉絲的話，就再微波20秒。

PART

11

湯品・鍋物

身心都得到
療癒！

NO.
406

微波爐

濃稠的
高麗菜湯

1人份

1　將⅛顆的高麗菜（撕成一口大小）、
適量的維也納香腸（撕成小塊）、
1小匙的法式顆粒高湯粉、150毫升
的水倒入容器，封上一層保鮮膜微
波5分鐘。

湯品・鍋物

微波爐

鮮味
完全濃縮了！

電子鍋

利用電子鍋
瞬間完成！

微波爐

想多加一道菜時，
可以試試這道料理

洋蔥炸彈湯

NO. **407**

1人份

1 將1顆洋蔥（切掉上下兩端，再以切成8等分的感覺，劃入長度直到高度一半的刀口）、1大匙的水倒入容器，封上一層保鮮膜微波8分鐘。

2 將½大匙的雞高湯粉、1小匙的醬油、200毫升的水調勻，倒入步驟1的容器再微波5分鐘。

3 盛入碗中，再淋入適量的麻油與少許的鹽、胡椒。

整顆洋蔥的
無水義式雜菜湯

NO. **408**

2人份

1 將切塊蕃茄罐頭1罐（400公克）、法式顆粒高湯粉1大匙倒入電子鍋的內鍋再攪拌均勻。

2 將2顆洋蔥（切掉上下兩端）、適量的維也納香腸倒入電子鍋，再以一般的方式煮飯。

POINT!
可視個人口味加入馬鈴薯或紅蘿蔔，也很美味。

雞肉丸
中式白湯

NO. **409**

1人份

1 將150公克的雞絞肉、1大匙太白粉、1小匙蒜泥倒入袋子裡，再捏成圓球。

2 將各100毫升的牛奶·水、½大匙的雞高湯粉倒入耐熱容器裡，再攪拌均勻。

3 將步驟1的食材倒入步驟2的耐熱容器裡，再封上一層保鮮膜微波5分鐘。

4 倒入容器裡，再淋入適量的麻油。

只需要微波加熱
的湯品

海帶芽蛋花湯

1人份

1 將150毫升的水、1大匙的乾海帶芽（2公克）、1小匙雞高湯粉、1顆量的蛋液倒入湯碗，封上一層保鮮膜微波2分鐘。

2 淋入適量的麻油。

POINT!

最後可以追加蔥花或白芝麻！

完成品
讓人感動！

世界第一簡單的
特濃微波燉菜

1人份

將½顆洋蔥（切成薄片）、適量的維也納香腸（切成一口大小）、白醬料理塊2塊、200毫升的水倒入容器，封上一層保鮮膜微波5分鐘。最後攪拌均勻即可。

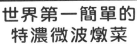

POINT!

可以淋在白飯上，也可以視個人口味打顆蛋黃，味道會更加濃厚。

一口吃鍋，一口喝酒，
無限循環！

無水麻油鍋

2人份

將3大匙麻油倒入鍋中熱油後，放入1片大蒜（切成薄片）爆香，再依序放入¼顆高麗菜（切成短段）、1小匙雞高湯粉、200公克豬五花薄肉片，蓋上鍋蓋，煮到高麗菜變軟為止。

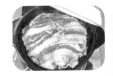

POINT!

大蒜爆香後加入高麗菜，將每片肉攤開，貼在高麗菜上面。視個人口味加點紅辣椒與蔥花。

洋蔥要選擇表皮無傷又光亮的種類，或是摸起來又硬又重的種類。

利用起司
催化食慾

惡魔
豬五花起司鍋

NO.
413

2人份

1　將300毫升的水、1大匙的法式顆粒高湯粉、¼顆的高麗菜（切成短段）、½顆的洋蔥（切成月牙狀）倒入鍋中。

2　將200公克的豬五花薄肉片、適量的披薩專用起司鋪在上面，再煮到所有食材熟透為止。

POINT!　將每片肉攤開，蓋住蔬菜。可視個人口味撒點黑胡椒與蔥花。

惡魔般的
綿滑口感！

NO.
414

豬五花白菜
無水奶油鍋

2人份

1　將300毫升的牛奶、1大匙的雞高湯粉倒入鍋中，攪拌均勻。

2　將⅛顆的白菜（切成一口大小）放入，再將200公克的豬五花薄肉片攤在食材表面，放上10公克的奶油，蓋上鍋蓋煮到熟透為止。

POINT!　白菜會出水，所以要選用大一點的鍋子。

口感十足的
西式鍋物！

NO.
415

惡魔卡門
貝爾起司鍋

2人份

1　將整顆蕃茄的罐頭1罐（400公克）與1大匙的法式顆粒高湯粉倒入鍋中拌勻。

2　將¼顆的高麗菜、100公克的豬五花薄肉片攤平排入鍋中，然後放一塊卡門貝爾起司（6片裝、100公克），蓋上鍋蓋煮到食材熟透。

POINT!

吃到最後可加點白飯，做成蕃茄起司燉飯。

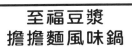
微波爐

NO.
416

至福豆漿擔擔麵風味鍋

2人份

1 將150公克的豬絞肉、各1大匙的砂糖·醬油倒入容器攪拌，封上一層保鮮膜微波3分鐘。

2 將300毫升的豆漿、1大匙的味噌倒入鍋中，攪拌均勻後，將1包豆芽菜、1塊嫩豆腐、1把韭菜（切短段）、步驟1的食材倒入鍋中，蓋上鍋蓋悶煮。最後淋入適量的辣油。

POINT! 含糖豆漿有時會太甜，所以建議使用成分無調整的豆漿。先將味噌調開，再加入食材。

讓人不敢置信的美味！

NO.
417

惡魔奶油豬肉辛奇鍋

2人份

1 將300毫升的水、1大匙的雞高湯粉倒入鍋中，攪拌均勻，再倒入⅛顆的白菜（切成一口大小）、1包豆芽菜（200公克）。

2 將200公克的豬五花薄肉片一片片攤開，鋪在上面，再放上適量的辛奇與10公克的奶油，蓋上鍋蓋悶煮。

POINT! 要將豬五花薄肉片一片片攤開，完整覆蓋白菜。

讓身體暖和起來的一道料理！

至福鹽蔥雞肉鍋

NO.
418

1～2人份

1 將300毫升的水、1大匙的雞高湯粉倒入鍋中，攪拌均勻。

2 將¼顆的高麗菜切成方便入口的大小，再將1根白蔥斜切成薄片，然後倒入鍋中。

3 將200公克的雞腿肉切成一口大小後，倒入鍋中加熱。

4 所有食材都煮熟之後，淋入1大匙麻油。

利用三種食材滿足胃袋

烹調
TIPS

若需要瀝乾豆腐，只需要將豆腐放在廚房紙巾上面即可。

拿出1%幹勁就好

PART

12

麵

溫和的
微辣滋味

NO.
419

辛奇烏龍麵

1人份

1 將1大匙的麻油倒入平底鍋熱油，再倒入50公克的辛奇稍微炒一下。

2 將4大匙的麵味露、1大匙的醬油、大約300毫升的水倒入步驟1的鍋中。煮至沸騰後，倒入冷凍烏龍麵1球（200公克），再煮2～3分鐘。

3 盛盤後，視個人口味打1顆雞蛋以及鋪上適量的披薩專用起司與蔥花。

辣味是
這道料理的重點

🔲 微波爐

NO. **420**

明太子
卡波納拉風味烏龍麵

1人份

A 雞蛋1顆、起司粉・美乃滋・牛奶各1大匙、
法式顆粒高湯粉・蒜泥各1小匙、
奶油8公克

1 將冷凍烏龍麵1球（200公克）倒入容器，封
上一層保鮮膜微波4分鐘。

2 食材**A**倒入碗裡，再倒入步驟1的食材拌均。

3 放上1條明太子（去除薄膜與拆散），再撒上
適量的蔥花與黑胡椒。

NO. **421**

豬五花
鹽蔥烏龍麵

1人份

1 將300毫升的水、各1大匙的雞高湯粉・麵味
露、1小匙的薑泥倒入鍋中，加熱至沸騰後，
倒入½根的白蔥（斜切成片）、50公克的豬五
花薄肉片（切成一口大小）。

2 所有食材都煮熟後，倒入冷凍烏龍麵1球繼
續煮，再撒上適量的黑胡椒與麻油。

肉的鮮美造就了
美味的高湯

POINT! 倒入冷凍烏龍麵之後，要煮到麵
條散開與熟透為止。

NO. **422**

壽喜燒烏龍麵

🔲 微波爐

1人份

1 將各1大匙的醬油、麵味露、酒、砂糖拌勻。

2 將冷凍烏龍麵1球（200公克）倒入容器裡，再
淋上步驟1的食材，封上一層保鮮膜微波3分
鐘。攪拌均勻後，盛入碗中，再打1顆蛋黃。

POINT!

可視個人口味追加蔥花
或一味辣椒粉。

重現吃鍋
吃到最後的味道！

烹調
TIPS

冷凍烏龍麵是建議常備的食材，因為隨時可利用鍋子或是微波爐加熱。

麵
・
冷
凍
烏
龍
麵

微波爐

不斷飄出
青海苔粉的香氣

NO.
423

惡魔烏龍涼麵

1人份

1 將冷凍烏龍麵1球（200公克）倒入容器，封上一層保鮮膜微波3分鐘，再放入冷水降溫。

2 將烏龍麵盛入盤中，再依序撒上適量的天婦羅花、青海苔粉，以及打1顆蛋黃，然後均勻淋入適量的麵味露。

POINT!

可自行撒上大量的天婦羅花與青海苔粉再開動。

微波爐

CP值最高！

NO.
424

絕品
油麵風烏龍麵

1人份

A 麻油1大匙、醬油·醋·蒜泥各1小匙、雞高湯粉½小匙

1 將冷凍烏龍麵1球（200公克）倒入容器，封上一層保鮮膜微波4分鐘。

2 將食材**A**倒入步驟**1**的容器，再攪拌均勻即可。

POINT!

可視個人口味打1顆蛋黃與撒點蔥花，會更加美味喲。

微波爐

利用微波爐
瞬間搞定！

NO. 425

濃味咖哩烏龍麵

1人份

1 將200毫升的水、3大匙麵味露、1½小匙太白粉倒入容器攪拌均勻，再倒入冷凍烏龍麵1球（200公克）、100公克豬肉片、¼顆洋蔥（切成薄片）與1塊咖哩塊。

2 封上一層保鮮膜微波8分鐘，再攪拌均勻。

POINT! 利用太白粉勾芡，煮出濃稠的口感。

微波爐

清爽美味！

烏龍涼麵

NO. 426

1人份

1 將冷凍烏龍麵1球（200公克）倒入容器，封上一層保鮮膜微波3分鐘，再放入冷水降溫。

2 將各2大匙的麵味露·水及1小匙醬油拌勻。

3 將步驟1的食材、½小匙的薑泥、適量的蔥花、柴魚片、天婦羅花倒入容器再打1顆蛋黃，最後淋上步驟2的食材。

POINT! 可視個人口味附上檸檬，增添清爽風味。

微波爐

利用辣油
增加一點刺激

NO. 427

微辣烏龍涼麵

1人份

1 將冷凍烏龍麵1球（200公克）倒入容器，封上一層保鮮膜微波3分鐘，再放入冷水降溫。

2 將2大匙麵味露、1大匙辣油調勻。

3 將步驟1的食材盛入容器，再打1顆蛋黃，撒上適量的蔥花與白芝麻，最後淋上步驟2的食材。

POINT! 烏龍麵要先徹底瀝乾再盛入碗中。

烹調
TIPS

烏龍麵有無限多種調味方式，清爽的風味很適合當成宵夜。

麵
●
冷
凍
烏
龍
麵

`微波爐`

瞬間
補充精力！

韓式拌飯風的 烏龍涼麵

`1人份`

A | 2大匙麻油、1大匙燒肉醬、1小匙雞高湯粉、1小匙蒜泥

1 將冷凍烏龍麵1球（200公克）倒入容器，封上一層保鮮膜微波3分鐘，再放入冷水降溫。

2 將步驟**1**的食材、辛奇（自行調整份量）、食材**A**倒入大碗，攪拌均勻。

3 盛入碗中，再打1顆蛋黃。

惡魔 奶油雞蛋烏龍麵

`微波爐`

熱量密度極高的
滋味！

`1人份`

1 將冷凍烏龍麵1球（200公克）倒入容器，封上一層保鮮膜微波3分鐘，再放入冷水降溫。

2 將步驟**1**的食材倒入容器，再均勻淋入**2大匙麵味露**。

3 打1顆蛋黃，鋪上10公克奶油與適量的蔥花、天婦羅花，再撒上適量的黑胡椒。

`微波爐`

只需要微波
加熱與攪拌！

超快速的 雞蛋烏龍麵

`1人份`

1 將2大匙橄欖油、各1小匙的顆粒高湯粉·蒜泥、適量的紅辣椒（切成短段）倒入容器攪拌均勻。

2 將冷凍烏龍麵1球（200公克）倒入步驟**1**的容器，封上一層保鮮膜微波5分鐘。

3 均勻攪拌後，等餘熱稍微退去，打1顆蛋黃再攪拌均勻。

NO.
431

擔擔麵風味的乾拌麵線

微波爐

全部的食材
都只需微波加熱！

1人份

1　將100公克的麵線放入容器，再注入<u>500毫升的熱水</u>，然後依照包裝標示的加熱時間多加1分鐘的時間加熱，再瀝乾水分。

2　將150公克的豬絞肉、<u>各1大匙的醬油·豆瓣醬</u>倒入另一個容器拌勻，微波3分鐘。

3　將<u>各1小匙的麻油、雞高湯粉</u>均勻拌入步驟**1**的食材。

4　將步驟**2**的食材鋪在步驟**3**的食材上面，再撒上蔥花、辣油（都可自行決定份量），最後打1顆蛋黃。

微波爐

清爽美味！

冷製鹽味麵線佐梅乾肉與豬肉

NO.
432

1人份

1　將300毫升的<u>水</u>倒入容器，封上一層保鮮膜微波1分鐘之後，倒入2小匙雞高湯粉、<u>1小匙蒜泥</u>，調開後，放入冰箱冷藏。

2　照包裝標示時間煮熟100公克的麵線後瀝乾。

3　將150公克的<u>豬肉片</u>倒入容器封上一層保鮮膜微波2分鐘，再拌入1小匙的梅乾肉。

4　將步驟**1**、**2**、**3**盛入碗中，再撒入1大匙的<u>碎紫蘇</u>，以及均勻淋入<u>1大匙的麻油</u>。

利用酸味營造
清爽的風味

蕃茄沾醬的麵線

NO.
433

1人份

｜麵味露·水·橘醋醬·麻油各 2 大匙

1　將1顆蕃茄切成骰子狀。

2　依照包裝標示時間煮熟100公克的麵線。

3　調勻食材，再倒入步驟**1**的食材。

4　撒入1瓣碎紫蘇，再以麵線沾著吃。

烹調
TIPS

可在沾醬追加喜歡的調味料或是淋醬，調成喜歡的味道。

清爽的
中式風味

鹽蔥豬肉麵線

1人份

1 依照包裝標示時間煮熟100公克的麵線,再以冷水降溫。

2 將400毫升的水、2大匙白高湯、1大匙雞高湯粉倒入鍋中加熱。

3 煮沸後,倒入150公克的豬肉片,煮到熟透。

4 將步驟3的食材倒入碗中,再倒入步驟1的食材,接著撒入適量的蔥花、黑胡椒與麻油。

平底鍋

天氣熱就想吃
這道料理

中式涼拌麵線

1人份

A 醋・醬油・水各 2 大匙、砂糖・麻油各 1 大匙

1 依照包裝標示時間煮熟100公克的麵線,再以冷水降溫。

2 將適量的油倒入平底鍋熱油,再將1顆雞蛋的蛋液煎成蛋皮。

3 將½根小黃瓜、3片火腿、蛋皮切成細條,再將5顆小蕃茄分別切成兩半。

4 將步驟1、3盛入碗中,再均勻淋入食材**A**。

和風鹽昆布
鮪魚麵線

1人份

1 依照包裝標示時間煮熟100公克的麵線,然後瀝乾。

2 將步驟1食材倒入大碗,再倒入瀝乾的罐頭鮪魚1罐(70公克)、3大匙鹽昆布、4大匙麵味露、2大匙麻油,作為涼拌的配料。

一次可以
吃到一大堆!

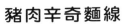

NO. 437 豬肉辛奇麵線

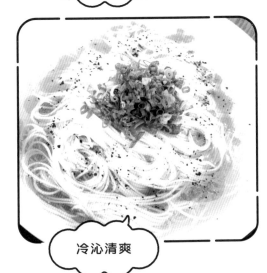

能填飽肚子的
料理

`1人份`

A | 燒肉醬・麵味露各 2 大匙、麻油 1 大匙

1 煮1大鍋熱水，依照包裝標示時間煮熟100公克的麵線與100公克的豬肉片再瀝乾水分。

2 讓豬肉與辛奇（自行調整份量）拌勻。

3 將步驟**1**、**2**的食材盛入碗中，淋入食材**A**，再視個人口味撒入適量的白芝麻，最後打1顆雞蛋。

NO. 438 雞湯鹽蔥麵線

`1人份`

1 照包裝標示時間煮熟100公克的麵線，瀝乾。

2 以50毫升左右的熱水調開1大匙的雞高湯粉與1小匙的蒜泥。

3 將250毫升的水倒入步驟**2**的食材，再倒入麵線，最後淋入1大匙麻油及撒入蔥花。

POINT! 可在最後放冰塊，讓整碗料理冷到骨頭裡。

冷沁清爽

NO. 439 蕃茄鮪魚麵線

`1人份`

1 依照包裝標示時間煮熟100公克的麵線，然後瀝乾。

2 將步驟**1**的食材盛入碗中，再將切成骰子狀的1顆蕃茄、瀝乾的罐頭鮪魚1罐（70公克）、切成細條的1瓣紫蘇鋪在上面。

3 將2大匙的橘醋醬與1大匙的麻油拌在一起，再淋在步驟**2**的食材上面。

夏天的
經典菜色！

烹調
TIPS

要煮出好吃的麵，就要讓麵條在煮滾的熱水裡面翻滾。

要換個味道
就用這個沾醬

麵條沾裹了
美味的牛油

不用開火
就完成了！

微辣沾麵風味的麵線 NO.440

1人份

1　依照包裝標示時間煮熟100公克的麵線，然後瀝乾。

2　將各3大匙的芝麻醬（市售）·麵味露、1大匙的辣油、1小匙的蒜泥、適量的蔥花均勻拌成沾醬。

3　以步驟1的食材沾著步驟2的食材吃。

> **POINT!** 可視個人口味追加水煮蛋。

平底鍋

究極鹽味炒麵 NO.441

1人份

1　將1塊牛油（沒有的話，可利用1大匙油代替）放入熱好鍋的平底鍋，牛油化開後，倒入1小匙的蒜泥、撕成方便入口大小的2瓣高麗菜（60公克）、80公克的豬肉片拌炒。

2　食材都炒熟後，倒入炒麵1球（150公克）、1大匙酒，再炒開麵條。

3　麵條炒熟後關火，再拌入1大匙雞高湯粉。

微波爐

省時炒麵 NO.442

1人份

1　將炒麵1球（150公克）、切好的蔬菜（適量，市售）、撕成方便入口大小的維也納香腸（適量）、3大匙炒麵醬倒入耐熱盤拌勻。

2　封上一層保鮮膜微波4分鐘。

> **POINT!**
> 也可以使用附上調味包的炒麵麵條。

NO. 443

超美味的路邊攤炒麵

平底鍋

一個巧思，
美味升級

1人份

Ⓐ 1½大匙炒麵醬、1小匙顆粒高湯粉、
½小匙醬油

1 將1瓣高麗菜切成一口大小。

2 將50公克的豬肉片倒入平底鍋拌炒，再撒入
少許的胡椒鹽。炒熟後，先從鍋中取出備用。

3 將1塊牛油（沒有的話，可利用1大匙油代替）
倒入平底鍋，再倒入步驟1的食材炒一下。

4 將1球炒麵（150公克）、1大匙酒倒入鍋中，
再稍微炒開麵條，然後倒入食材Ⓐ拌炒。

5 所有食材煮熟後，倒入步驟2，炒熱即可。

極速油麵

NO. 444

微波爐

3分鐘
就能完成！

1人份

1 將1球炒麵（150公克）連同袋子微波1分鐘。

2 將各1大匙的麵味露·麻油、各1小匙的雞高
湯粉·醋拌在一起。

3 將麵條倒入盤子後，淋入步驟2，再撥散麵
條，然後撒入適量的蔥花以及打1顆蛋黃。

POINT! 吃到一半可利用辣油換個味道。

即食醬油拉麵

NO. 445

利用中式油麵
快速完成！

1人份

1 將1½大匙的醬油、½大匙的雞高湯粉、1小
匙的蒜泥、400毫升的熱水倒入容器再攪拌
均勻。

2 將煮熟的中式油麵1球（150公克）倒入步驟1
的容器之中，撥散麵條後，淋入適量的麻油。

POINT! 可視個人口味追加配料。

可視個人口味追加蔬菜或是其他配料，增加不同的風味。

微波爐

以麵味露作為
基本調味料就很輕鬆

袋裝泡麵
變化版①

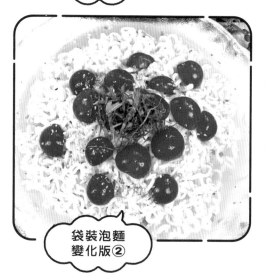

袋裝泡麵
變化版②

用油麵製作即食沾麵 NO.446

1～2人份

A 熱水·麵味露各 5 大匙、雞高湯粉·麻油各 1 小匙、蒜泥½小匙

1 將中式油麵1球（150公克）連同袋子放進微波爐微波1分鐘，再泡入冷水降溫。

2 將食材**A**調勻，再封上一層保鮮膜微波1分鐘。可利用步驟**1**的食材沾著吃。

POINT! 請利用熱水調整沾醬的濃度。

鮪魚鹽昆布冷製鹽味拉麵 NO.447

1人份

1 依照包裝標示時間煮熟1包鹽味泡麵，再以冷水降溫，最後瀝乾水分。

2 讓步驟**1**的食材與瀝乾的罐頭鮪魚1罐（70公克）、2大匙鹽昆布、1大匙麻油、泡麵的湯包調味粉½包拌勻。

POINT! 多餘的湯包調味粉可倒入熱水煮成湯。

冷製蕃茄鹽味拉麵 NO.448

1人份

1 依照包裝標示時間煮熟1包鹽味泡麵，再以冷水降溫，最後瀝乾水分。

2 以200毫升的水調開1包泡麵的湯包調味粉。

3 將步驟**1**、**2**的食材、切成兩半的小蕃茄（8顆）、適量的碎紫蘇盛入碗裡，再均勻淋入1大匙橄欖油。

POINT! 在湯汁放入冰塊，能讓這道料理變得更涼爽！

拿出1%幹勁就好

PART

13

義大利麵・焗烤料理

 NO. 449　　🔲 微波爐

和風卡波納拉義大利麵

利用麵味露
提升風味！

1人份

A 麵味露 3 大匙、蒜泥 1 小匙、
水150毫升、牛奶100毫升

1 將100公克的義大利麵（烹煮10分鐘）、
1包培根（34公克、切成細條）、食材**A**
倒入容器，再以包裝標示時間+4分鐘的
時間微波加熱。

2 將40公克的披薩專用起司、1小匙橄欖油、
2顆雞蛋拌在一起，再趁著步驟1的食材
還沒降溫的時候，拌入上述的食材。

3 打1顆雞蛋，撒入適量黑胡椒與海苔絲。

微波爐

只要吃一口
就停不下來！

NO. 450

惡魔
和風義大利麵

1人份

A 天婦羅花·起司粉·麻油各1大匙、2瓣紫蘇（切碎）、2大匙麵味露、1小匙青海苔粉

1 將100公克的義大利麵（烹煮10分鐘）倒入容器，再倒入淹過麵的<u>水</u>及<u>1小撮鹽</u>，然後依照包裝標示時間+4分鐘的時間微波加熱。

2 瀝乾義大利麵之後，拌入食材 **A**。

POINT! 紫蘇可直接用手撕成碎片。

微波爐

恰到好處的
濃醇滋味！

和風鹽味
昆布白醬義大利麵

NO. 451

1人份

1 將100公克的義大利麵（烹煮10分鐘）倒入容器，再倒入淹過麵的<u>水</u>及<u>1小撮鹽</u>，然後依照包裝標示時間+4分鐘的時間微波加熱。

2 瀝乾義大利麵之後，拌入<u>2大匙鹽昆布</u>、30公克奶油起司（切成1公分丁狀）、<u>各1大匙的麻油與麵味露</u>。

POINT! 趁熱將調味料拌入義大利麵才會入味。可視個人口味撒點白芝麻。

NO. 452

香蒜義大利麵
佐酪梨

微波爐

平底鍋

1人份

1 將100公克的義大利麵（烹煮10分鐘）倒入容器，再倒入淹過麵的<u>水</u>及<u>1小撮鹽</u>，然後依照包裝標示時間+3分鐘的時間微波加熱。

2 將<u>1大匙</u>的橄欖油倒入平底鍋熱油後，倒入<u>1小匙</u>的蒜泥、40公克的培根（切成1公分寬）、少許紅辣椒（切成短段），稍微炒一下，再倒入瀝乾的義大利麵與<u>1小匙法式顆粒高湯粉</u>，拌炒均勻。

3 鋪上½顆的酪梨（切成薄片），再撒上<u>適量的黑胡椒</u>。

奢華的美味！

微波爐

> 奶味十足，
> 令人滿足！

和風紫蘇味噌奶油義大利麵

NO. 453

1人份

A 美乃滋・麵味露各 1 大匙、½大匙味噌、
1 小匙麻油、罐頭鮪魚 1 罐（70公克）

1 將100公克的義大利麵（烹煮10分鐘）倒入容器，再倒入100毫升的水、200毫升的牛奶，依照包裝標示時間+3分鐘微波加熱。

2 將食材A拌入步驟1，盛盤，再鋪上紫蘇。

POINT! 在微波義大利麵的時候，可試著撥散麵條，避免麵條變硬。

平底鍋

> 黏稠濃厚！

奶油酪梨義大利麵

NO. 454

1人份

1 依照包裝標示時間煮熟100公克的義大利麵（烹煮10分鐘）。將1顆酪梨切成1公分塊狀。

2 將步驟1的食材、100毫升的牛奶、2大匙起司粉、1大匙法式顆粒高湯粉、1顆蛋黃倒入平底鍋，以小火加熱至質地黏稠之後，再視個人口味打顆蛋黃以及撒點黑胡椒。

POINT! 加熱過頭，蛋黃會凝固變得乾巴巴的，所以要以小火慢慢加熱。

微波爐

> 與白飯是宛如奇蹟的搭檔

和風海苔佃煮鮪魚義大利麵

NO. 455

1人份

1 將100公克的義大利麵（烹煮10分鐘）倒入容器，再倒入淹過麵的水及1小撮鹽，然後依照包裝標示時間+3分鐘的時間微波加熱。

2 將2大匙的佃煮海苔、罐頭鮪魚1罐（70公克）、各1大匙的麵味露與美乃滋拌入瀝乾的步驟1食材，再鋪上1瓣紫蘇（切碎）。

POINT! 趁著義大利麵還很熱的時候拌入調味料才會快速入味。

烹調 TIPS

沒用完的奶油起司可分成小份，再以保鮮膜包起來冷凍保存。

義大利麵・焗烤料理

微波爐

營養滿份！

夏季時蔬鮪魚義大利麵

1人份

1　將100公克的義大利麵（烹煮10分鐘）倒入容器，再倒入淹過義大利麵的水與少許鹽，依照包裝標示時間微波加熱。

2　將瀝乾的步驟1食材、1根茄子（滾刀切塊）、1顆蕃茄（切成一口大小）、罐頭鮪魚1罐（70公克）、1大匙蕃茄醬、各1小匙法式顆粒高湯粉與蒜泥倒入耐熱碗，封上保鮮膜微波5分鐘。拌勻後，以少許的鹽與胡椒調味。

微波爐

平底鍋

煮了100盤以上才完成的食譜

專賣店等級的極上卡波納拉義大利麵

1人份

Ａ｜蛋液1顆量、起司粉・牛奶各2大匙

1　將100公克的義大利麵（烹煮10分鐘）倒入容器，再倒入淹過麵的水及1小撮鹽，然後依照包裝標示時間+3分鐘的時間微波加熱。

2　將1大匙的橄欖油熱油，加入厚切培根80公克拌炒，接著倒入步驟1的煮麵水3大匙，煮到湯汁濃稠後，拌入義大利麵再關火。

3　將調勻的食材Ａ倒入步驟2的鍋中，再以少許的鹽與胡椒調味。最後打1顆蛋黃即可。

平底鍋

1餐的花費不到50日圓！

CP值最高的義大利麵

1人份

1　依照包裝標示時間煮熟100公克的義大利麵（烹煮10分鐘）再瀝乾。

2　將適量的橄欖油倒入平底鍋熱油後，拌入1小匙的蒜泥、步驟1的食材、½大匙的法式顆粒高湯粉、1大匙的起司粉再盛盤。

3　煎1顆荷包蛋，再鋪在步驟2的食材上面。

POINT!　戳破荷包蛋，讓蛋黃與義大利麵和在一起再開動吧。

先將義大利麵
煮到半成品的地步

浸水醃漬的冷凍義大利麵

NO. 459

方便烹調的分量

1 將1公斤的義大利麵放入容器,再注入淹過義大利麵的水,靜置2小時。

2 瀝乾,再以1餐100公克為單位,將義大利麵分成10等分,再放入冰箱冷凍保存。

POINT!

吃的時候,可加點熱水,微波2分半鐘!冷凍之前,可煮到稍微硬的程度。

NO. 460

古早味喫茶店拿坡里義大利麵

微波爐

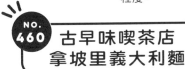

1人份

1 將¼顆洋蔥切成薄片,再將維也納香腸(自行調整份量)切成一口大小。

2 將4大匙蕃茄醬、10公克奶油、200毫升的水、100公克的義大利麵(烹煮10分鐘)、步驟1的食材倒入耐熱碗。

3 封上一層保鮮膜,依照包裝標示的時間微波加熱。拆掉保鮮膜,再微波2分半鐘。攪拌均勻後,視個人口味鋪上荷包蛋。

讓人不敢相信是用
微波爐加熱的滋味

陽春版奶油義大利麵

NO. 461

微波爐

1人份

1 將培根薄片(自行調整份量)撕成方便入口的份量。

2 將300毫升的牛奶、100公克的義大利麵(烹煮10分鐘)、步驟1的食材、法式蘑菇湯的高湯粉1包(14公克)倒入耐熱碗,再稍微攪拌一下。

3 封上一層保鮮膜,依照包裝標示時間+2分鐘微波加熱。

高湯粉+微波爐
就能輕鬆完成

烹調
TIPS

手邊若沒有培根,可改用火腿或是維也納香腸。

家裡沒有食材
也沒關係!

超簡單和風
義大利麵

1人份

1　依照包裝標示時間煮熟100公克的義大利麵
　（烹煮10分鐘），再瀝乾水分。

2　將3大匙麵味露、1大匙美乃滋、1小匙蒜泥拌
　入步驟1的食材。

POINT!

手邊有蛋黃或蔥花的
話，也可以鋪在上面!

春季高麗菜鮪魚
和風義大利麵

1人份

1　將春季高麗菜⅛顆切成小段。

2　依照包裝標示的時間煮熟100公克的義大利麵
　（烹煮10分鐘）與步驟1的食材再瀝乾水分。

3　將步驟2的食材、罐頭鮪魚1罐、3大匙麵味
　露、1大匙麻油、1小匙蒜泥倒入大碗再拌勻。

POINT!　這道料理的味道比較清淡，建議
　　　　　大家利用胡椒鹽自行調味!

只需要攪拌，就能
享受春季的滋味

沒有配料的
拿坡里義大利麵

1人份

1　依照包裝標示時間煮熟100公克的義大利
　麵，再瀝乾水分。

2　拌入3大匙蕃茄醬、各1小匙的法式顆粒高湯
　粉與蒜泥。

POINT!

鋪上荷包蛋或是起司粉
會變得更豪華!

光是調味料
就很美味了!

利用蕃茄汁煮出
整盤義大利麵

鮪魚蕃茄奶油義大利麵

1人份

1　將蕃茄汁300毫升、牛奶100毫升、法式顆粒高湯粉1大匙、瀝乾的罐頭鮪魚1罐（70克）倒入平底鍋，攪拌均勻。

2　100公克的義大利麵（煮10分鐘）倒入步驟**1**，蓋上鍋蓋，以包裝標示時間+3分鐘加熱。

3　掀開鍋蓋，煮到稍微收乾湯汁後關火。

POINT!　加熱義大利麵的時候，記得不斷攪拌，避免麵條黏在一起。

平底鍋

完全不需要蔬菜、
菜刀與開火！

肉醬義大利麵

1人份

1　將500毫升的水、100公克義大利麵（煮10分鐘）倒入容器，以包裝標示時間+3分鐘微波。

2　將100公克的綜合絞肉、2大匙蕃茄醬、1大匙的中濃醬、各1小匙的法式顆粒高湯粉與砂糖倒入另一個容器，攪拌均勻後，封上一層保鮮膜微波2分鐘。攪拌均勻後，再微波2分鐘。

3　將步驟**2**淋在瀝乾水分的步驟**1**食材上面。

微波爐

超經典的
夏季義大利麵

罐頭蕃茄鮪魚茄子夏季蔬菜義大利麵

1人份

1　依照包裝標示時間煮熟100公克的義大利麵（烹煮10分鐘），再瀝乾水分。

2　將切塊蕃茄罐頭½罐（200公克）、瀝乾的罐頭鮪魚1罐（70公克）、1根茄子（切成3公分的塊狀）、1大匙的法式顆粒高湯粉倒入平底鍋攪拌均勻再加熱。

3　步驟**2**的食材熟透後，拌入步驟**1**的食材。

平底鍋

義大利麵・焗烤料理

烹調
TIPS

沒用完的罐頭蕃茄可利用少量的法式高湯粉與蒜泥煮成蕃茄醬。

平底鍋

CP值最高、
滋味最美妙

微波爐

微波之後的牛奶
會變得更滑順！

平底鍋

利用麵味露
燉煮！

**沒有配料的
香蒜義大利麵**

NO.
468

1人份

1 依照包裝標示時間煮熟100公克的義大利麵
（烹煮10分鐘）再瀝乾水分。

2 將1大匙的橄欖油、1小匙的蒜泥、適量的紅
辣椒（切成小段）倒入平底鍋加熱。

3 炒出香氣之後，倒入步驟1的食材、½大匙的
法式顆粒高湯粉，再快速拌炒一下。

NO.
469

**鴻喜菇
奶油義大利麵**

1人份

1 替1株的鴻喜菇（100公克）切掉根部，再拆
成小朵。

2 將200毫升的水、100毫升的牛奶、1大匙的
法式顆粒高湯粉倒入容器，再攪拌均勻。

3 將100公克的義大利麵（烹煮10分鐘）、步驟
1的食材、倒入步驟2的食材，再以包裝標示
時間+3分鐘的時間微波加熱。

4 拌入2大匙的起司粉。

**惡魔和風
菇菇義大利麵**

NO.
470

1人份

1 替1株的鴻喜菇（100公克）切掉根部，再拆
成小朵。

2 將100毫升的麵味露、300毫升的水、100公
克的義大利麵（烹煮10分鐘）、步驟1的食材
倒入平底鍋，蓋上鍋蓋，依照包裝標示時間
煮熟義大利麵。

3 掀開鍋蓋，加熱3分鐘，讓湯汁稍微收乾。

4 盛盤後，撒上天婦羅花與青海苔粉。

義
大
利
麵
・
焗
烤
料
理

NO.
471

吻仔魚冷製
梅肉紫蘇義大利麵

1人份

1 依照包裝標示時間煮熟100公克的義大利麵
（烹煮10分鐘），再放入冷水降溫。

2 將2大匙橘醋醬、1大匙麵味露與步驟1的食
材倒入大碗，再攪拌均勻。

3 盛盤後，鋪上吻仔魚、碎紫蘇、梅乾肉。

POINT!

微波爐煮熟義大利麵時
間為標示時間+3分鐘。

> 利用橘醋醬增添
> 清爽的風味！

平底鍋

陽春版
白酒蛤蜊義大利麵

NO.
472

1人份

1 將1大匙橄欖油倒入平底鍋熱油後，將100公
克的海瓜子肉、1小匙的蒜泥倒入，快速拌炒。

2 將400毫升的水、1大匙的法式顆粒高湯粉、
100公克的義大利麵（烹煮10分鐘）倒入平
底鍋，蓋上鍋蓋，再依包裝標示時間煮熟。

POINT!

可在步驟1加入紅辣椒，
增加隱約的辣感。

> 不需要為了煮義大利麵
> 而準備另一個鍋子！

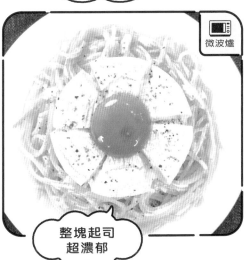
微波爐

卡門貝爾起司
義大利麵

NO.
473

1人份

1 將300毫升的牛奶、1大匙的法式顆粒高湯粉
倒入略大的容器攪拌均勻，再倒入100公克
的義大利麵（烹煮10分鐘），然後在沒有罩
上保鮮膜的情況下，直接送入微波爐，再依
照包裝標示時間微波加熱。

2 攪拌均勻後，盛入耐熱盤，鋪上100公克的卡
門貝爾起司，再微波3分鐘。

3 打1顆蛋黃，視個人口味撒上適量黑胡椒。

> 整塊起司
> 超濃郁

烹調
TIPS

將鴻喜菇拆成小朵時，可試著從中心開始往外拆散，就能俐落地摘下根部。

197

義
大
利
麵
・
焗
烤
料
理

平底鍋

利用鮭魚鬆烹調
這道料理

平底鍋

利用綜合海鮮
烹調這道料理

微波爐

刻意
維持單純

奶油鮭魚 義大利麵 NO. 474

1人份

1 依照包裝標示時間煮熟100公克的義大利麵（烹煮10分鐘），再瀝乾水分。

2 將步驟1、100毫升的牛奶、2大匙起司粉、1顆蛋黃、2大匙鮭魚鬆倒入平底鍋再拌均。

3 以小火加熱，煮到所有食材變得黏稠為止。

 **POINT!**

最後可以撒點蔥花，增添風味。

NO. 475 海鮮檸檬奶油 義大利麵

1人份

1 將10公克奶油放入平底鍋加熱融化後，倒入100公克的綜合海鮮拌炒。

2 將400毫升的牛奶、1大匙法式顆粒高湯粉、100公克的義大利麵（烹10分鐘）倒入步驟1的平底鍋，蓋上鍋蓋，依照包裝標示時間煮熟義大利麵。

3 掀開鍋蓋，再加熱3分鐘，煮到湯汁稍微收乾。

4 關火，拌入1大匙檸檬汁。

生火腿奶油起司 冷製義大利麵 NO. 476

1人份

1 將500毫升的水與100公克的義大利麵（烹煮10分鐘）倒入容器，不罩上保鮮膜送入微波爐，以包裝標示時間+3分鐘的時間微波加熱義大利麵，再將義大利麵放入冷水降溫。

2 以各2大匙的橄欖油、醬油，以及1小匙的檸檬汁拌勻步驟1的食材。

3 步驟2的食材盛盤後，鋪上50公克的生火腿與2片裝的奶油起司30公克（切成骰子狀）。

微波爐

美式風味！

濃厚 起司通心粉

1～2人份

1　將50公克的通心粉（烹煮時間3分鐘的類型）、150毫升的牛奶倒入耐熱碗攪拌均勻，再微波4分鐘，然後稍微攪拌一下。

2　放入4片起司片（也可以改用披薩專用起司），封上一層保鮮膜微波1分鐘。最後以少許胡椒鹽調味以及攪拌均勻。

POINT!　建議選用稍微大一點的耐熱碗，以免牛奶在微波加熱的時間溢出來。

微波爐

絕佳的派對食物！

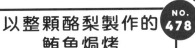 以整顆酪梨製作的鮪魚焗烤

NO.
478

1～2人份

1　將1顆酪梨切成兩半，再去除種籽。

2　將罐頭鮪魚1罐（70公克）分成兩半，分別填入兩塊酪梨的正中央，再淋上美乃滋（自行調整份量）以及鋪上披薩專用起司。

3　微波加熱2分半鐘，直到起司融化為止。

POINT!　可視個人口味撒上黑胡椒，增添風味！

微波爐

電烤箱

說不定是全世界最簡單的焗烤料理

NO.
479

微波 馬鈴薯焗烤

1～2人份

1　將去皮的2顆馬鈴薯切成薄片，再將½顆的洋蔥切成月牙狀。

2　將步驟1的食材、200毫升的水、3大匙的白醬料理粉倒入耐熱碗，封上一層保鮮膜微波6分鐘。攪拌均勻後，再微波2分鐘。

3　將步驟2的食材倒入耐熱盤，撒上披薩專用起司（自行調整份量），再送入電烤箱烤至上色為止。

烹調
TIPS

披薩專用起司放進冷箱冷凍1小時之後，就能拆散成小塊，再繼續冷凍。

拿出1%幹勁就好

PART

14

甜點

NO. **480** 微波爐

草莓牛奶布丁

2～3人份

1　從1盒牛奶（1000毫升）倒400毫升到耐熱碗，微波3分鐘。拌入20公克的吉利丁粉。

2　待餘熱退散後，拌入適量的草莓果醬。

3　從步驟1的盒裝牛奶中，倒出來100毫升的牛奶。

4　將步驟2的食材倒回步驟3的牛奶盒，稍微攪拌後，放入冰箱冷藏，然後等待食材凝固。

可利用盒裝牛奶製作！

完全不會
用到麵粉！

 NO. 481 燕麥片健康鬆餅

1～2人份

1 將100公克的燕麥片、2大匙優格、5大匙牛奶、1顆雞蛋、1大匙砂糖倒入一個大碗，再攪拌均勻。

2 將適量的奶油倒入平底鍋，加熱融化後，讓步驟1的食材在鍋底鋪平，煎至兩面變色為止。

POINT!

砂糖可利用甘味劑代替，也可以視個人口味追加蜂蜜或是奶油。

平底鍋

燕麥香蕉餅乾 NO. 482

電烤箱

1～2人份

1 將50公克的燕麥片倒入袋中，再倒入1根香蕉，然後一邊壓扁香蕉，一邊攪拌均勻。

2 讓步驟1的食材在鋁箔紙上面鋪成一塊扁圓形，再送入電烤箱烤10分鐘。

POINT!
待餘熱退散後，再輕輕將甜點從鋁箔紙上面撕下來。視個人口味加點碾碎的綜合堅果或巧克力碎片。

自然的甜味
很迷人！

NO. 483 奧利奧起司蛋糕

2人份

6片裝的奧利奧1包（碎片）、香草冰淇淋1杯（200毫升）、奶油起司200公克拌在一起後，盛入杯中，再撒入適量的奧利奧。

POINT!
也可以放入冰箱冷凍，當成冰淇淋餅乾吃。

只需要將三種
食材拌在一起！

烹調
TIPS

富含膳食纖維的燕麥片是由燕麥製作的健康食材。

清爽卻濃郁的
滋味！

優酪可爾必思
慕斯

NO.
484

2人份

1 將5公克的吉利丁粉、3大匙的水倒入容器，
微波20秒後，攪拌均勻。

2 將150公克的優格、各50毫升的可爾必思、
牛奶倒入大碗拌勻後，再倒入步驟1拌勻。

3 盛入杯中再放入冰箱冷藏，等待食材凝固。

微波爐

POINT! 可視個人口味加點薄荷、打發的
鮮奶油或是芒果碎塊當裝飾。

NO.
485

義式布丁

微波爐

不需要用到
電烤箱！

3～4人份（使用18公分×8公分×6公分的模具）

A 奶油起司100公克（放至常溫）、
砂糖5大匙、蛋液2顆量、牛奶250毫升

1 先製作焦糖醬。將4大匙砂糖、2小匙水倒入
小鍋子，加熱至褐色後，再倒入2小匙的水，
然後倒入模具。

2 將食材A倒入耐熱碗（牛奶分次逐量倒入），
攪拌均勻後，封上保鮮膜微波5分鐘。

3 將5公克的吉利丁粉、2大匙的水倒入容器，攪
拌均勻後，微波1分鐘，再拌入步驟2的食材。

4 倒入模具，放入冰箱冷藏，等待食材凝固。

NO.
486

白巧克力起司
法式凍派

微波爐

黏稠濃厚的
口感

3～4人份

1 打碎2塊白巧克力片（100公克），加熱融化。

2 微波加熱200公克的奶油起司，讓奶油起司
變軟。

3 將步驟1、2的食材、100毫升的牛奶、2大匙
的麵粉、2顆雞蛋倒入大碗再攪拌均勻。

4 在容器底部鋪一層保鮮膜，再倒入步驟3，
微波5分鐘。送入冰箱冷藏等待食材凝固。

POINT! 如果發現起司結塊，以30秒為單位，
拉長微波加熱的時間。加熱時食材
會膨脹，要選擇大一點的容器。

鹽味奶油
地瓜麻糬

微波爐

平底鍋

1~2人份

1 將500公克的地瓜（去皮，滾刀切塊）倒入容器，封上一層保鮮膜微波6分鐘。

2 將各3大匙的牛奶・太白粉與2大匙的砂糖倒入步驟**1**的容器，再一邊將地瓜碾成泥，一邊攪拌均勻。

3 將食材捏成方便入口的形狀。

4 將10公克的奶油倒入熱好的平底鍋加熱融化，再將步驟**3**的食材煎至兩面上色。

POINT! 進行步驟**3**的時候，可隔著保鮮膜，就不用弄髒雙手！

關鍵是追加的
奶油！

NO.
488

用餃子皮
製作巨大蛋塔

微波爐

電烤箱

2~3人份

1 將3顆雞蛋、5大匙砂糖、100毫升牛奶倒入大碗再攪拌均勻。

2 將適量的餃子皮鋪在容器底部，再注入步驟**1**的食材，微波4分鐘。

3 送入電烤箱烤4分鐘，直到烤出顏色為止。

POINT! 照片中的甜點是利用12張餃子皮製作的。利用電烤箱烘烤時，務必時時注意情況，以免餃子皮烤焦。

享受濃厚的
蛋味！

咖啡牛奶布丁

微波爐

NO.
489

2人份

1 將200毫升的咖啡牛奶、2顆雞蛋倒入大碗，攪拌均勻後，倒入杯中。

2 每杯甜點都先微波1分半鐘（如果在微波加熱時，發現食材開始冒泡泡，即可在10秒之後取出）。放進冰箱冷藏，等待食材凝固。

POINT! 手邊若有泡茶濾網，可一邊過濾食材，一邊將食材倒入杯子裡。最後可視個人口味追加打發的鮮奶油。

只用到
兩種材料

烹調
TIPS

簡單也是手工甜點的魅力之一。一次多做一點就能吃個過癮！

利用電子鍋做出
膨鬆的口感！

電子鍋

抹茶
台灣蜂蜜蛋糕

4人份

A 油1大匙、雞蛋4顆、砂糖6大匙、
抹茶粉1大匙、牛奶100毫升

1 將食材**A**倒入大碗攪拌均勻，再分次逐量拌
入150公克的綜合美式鬆餅粉。

2 在電子鍋的內鍋抹上一層薄薄的油，再倒入
步驟**1**。擠出空氣後，以一般煮飯方式加熱，
直到插入竹籤，麵糊不會黏在上面即可。

POINT! 鬆餅粉要分次加才不會結塊。讓內
鍋輕輕地落在桌子上，敲出空氣。

微波爐

使用整盒的
食材！

超豪邁
優格慕斯

NO.
491

方便製作的份量

1 將1盒優格（400公克）、80公克的砂糖、100
毫升的牛奶倒入大碗攪拌均勻。

2 將4大匙熱水倒入10公克的吉利丁粉，微波
10秒，再倒入步驟**1**，繼續攪拌，以免結塊。

3 將步驟**2**的食材倒入優格的盒子裡，送入冰
箱冷藏6小時，直到食材凝固為止。

POINT! 可追加薄荷與綜合冷凍莓果，讓外
觀變得更華麗。

可大量消耗
蛋白！

快速完成的
鬆軟蛋白霜餅乾

NO.
492

1～2人份

1 利用電動攪拌器打發3顆量的蛋白。

2 分次逐量拌入150公克的砂糖，直到所有砂
糖都溶化為止。

3 在烤板底部鋪好烘焙紙，再以擠花袋將步驟
2的食材擠在上面，然後送入預熱至100℃
的電烤箱烤120分鐘。

POINT! 砂糖與雞蛋的比例為50公克:1顆
雞蛋。

NO. 493 杯裝冰淇淋布丁

微波爐

1人份

1 將杯裝冰淇淋（200毫升）倒入耐熱碗，微波1分半鐘，讓冰淇淋融化。

2 將1顆雞蛋拌入步驟**1**，再倒入耐熱容器。

3 微波1分20秒（在表面開始冒泡泡之後的10秒立刻取出）。

4 放入冰箱冷藏2小時。

POINT!
由於加熱之後會膨脹，所以在進行步驟**2**的時候，食材不要超過容器的八分滿。

與雞蛋拌在一起再微波！

白巧克力抹茶司康 NO. 494

電烤箱

1～2人份

1 將150公克的綜合美式鬆餅粉、40公克的奶油倒入袋中，再讓這兩種食材彼此融合。

2 將1塊白巧克力（壓碎）、1小匙抹茶粉拌入步驟1的食材，再拌入3大匙的牛奶。

3 將步驟**2**的食材分成6等分，再捏成1公分厚的圓形。

4 送入電烤箱烤5分鐘。取出後，蓋一層鋁箔紙再烤10分鐘。

不需要大型烤箱！

NO. 495 皇家奶茶布丁

方便製作的份量

1 從1盒牛奶（1000毫升）將500毫升的牛奶倒入耐熱碗，微波3分鐘，再拌入70公克的皇家奶茶粉與20公克的吉利丁粉。

2 從步驟**1**的牛奶盒倒出100毫升的牛奶。

3 將步驟**1**的食材倒入步驟**2**的牛奶盒。稍微攪拌後，放入冰箱冷藏，等待食材凝固。

POINT!
步驟**2**之所以要倒出100毫升的牛奶，是為了避免步驟**3**的食材溢出。建議大家當場喝掉這100毫升的牛奶。

可大量消耗牛奶！

烹調
TIPS

若在製作蛋白霜時，一開始就加鹽攪拌，蛋白質較容易凝固，也較容易打發。

甜點

🔲 微波爐

三種材料
就OK

至福
一口生巧克力

1～2人份

1 以隔水加熱的方式融化300公克的巧克力板（壓碎）。

2 微波加熱120毫升的牛奶1分鐘，再與步驟1的食材徹底拌勻。

3 在托盤底部鋪一層保鮮膜，再緩緩倒入食材，送入冰箱冷藏1～2小時，等待食材凝固。

4 加熱菜刀，再將步驟3的食材切成一口大小。最後撒上適量的可可粉。

鮮嫩
牛奶麻糬

1～2人份

1 將5大匙太白粉、3大匙砂糖倒入鍋中，攪拌均勻後，一邊以打蛋器攪拌，一邊分次逐量倒入300毫升的牛奶，以免結塊。

2 一邊攪拌，一邊以小火加熱，直到麵糊變得濃稠為止。記得不要煮到沸騰。

3 待步驟2放涼後，填入袋中，再將袋子的末端剪開，當成擠花袋使用。準備一大碗的冰水，再將步驟2擠到裡面。要擠成一口大小。最後可視個人口味撒點黃豆粉或黑糖蜜。

居家常備的
甜點！

馬克杯布丁

🔲 微波爐

口感硬一點，
美味多一點

1人份

1 將各2大匙的砂糖、水倒入小鍋子攪拌均勻，再加熱至變色為止。

2 慢慢倒入1～2大匙熱水，再將食材倒入馬克杯，等待餘熱退散。

3 拌勻100毫升的牛奶、1顆雞蛋、2大匙砂糖，再緩緩注入步驟2的馬克杯。

4 封上一層保鮮膜微波1分50秒左右（若發現表面開始冒泡泡，於10秒後從微波爐取出）。

5 放入冰箱冷藏2～3小時，直到食材凝固為止。最後將馬克杯倒扣在盤子上，讓食材盛盤。

微波爐

NO.
499

超簡單
巧克力莎樂美腸

1～2人份

1 將棉花糖夾心餅乾切成碎塊。

2 將50毫升的牛奶倒入2塊巧克力片（壓碎），微波1分鐘，使其融化。

3 將步驟1均勻拌入步驟2的食材。

4 將兩張保鮮膜疊在一起，再將步驟3的食材均勻鋪在上面，然後將保鮮膜捲起來，讓食材捲成棒狀。放入冰箱冷藏3～4小時，等待食材凝固。

只有切碎、攪拌與
冷藏這三個步驟

微波爐

NO.
500

清爽口感的
碳酸果凍

1～2人份

1 將放至室溫的50毫升碳酸飲料倒入容器，再拌入5公克的吉利丁粉，然後微波30秒。

2 將剩下的碳酸飲料（450毫升）倒入步驟1的食材，再緩緩地攪拌，以免拌出泡泡。

3 去除表面的泡泡後，放進冰箱，等待食材凝固。

讓人一吃
就上癮的口感

POINT!

也可以加入冷凍水果或是甘露糖漿。

烹調
TIPS

生巧克力放涼後，可裝進袋子，擠出空氣。如此一來就能維持一個月不變質。

【日本年度食譜大賞冠軍】
省時省錢！活用現有食材，
新手也能變出多國料理

作者 丸美廚房
譯者 許郁文
主編 林昱霖
責任編輯 秦怡如
封面設計 徐薇涵 Libao Shiu
內頁美術設計 林意玲

執行長 何飛鵬
PCH集團生活旅遊事業總經理暨社長 李淑霞
總編輯 汪雨菁
行銷企畫經理 呂妙君
行銷企劃專員 許立心

出版公司
墨刻出版股份有限公司
地址：台北市104民生東路二段141號9樓
電話：886-2-2500-7008／傳真：886-2-2500-7796
E-mail：mook_service@hmg.com.tw
發行公司
英屬蓋曼群島商家庭傳媒股份有限公司城邦分公司
城邦讀書花園：www.cite.com.tw
劃撥：19863813／戶名：書虫股份有限公司
香港發行城邦（香港）出版集團有限公司
地址：香港九龍九龍城土瓜灣道86號順聯工業大廈6樓A室
電話：852-2508-6231／傳真：852-2578-9337
城邦（馬新）出版集團 Cite (M) Sdn Bhd
地址：41, Jalan Radin Anum, Bandar Baru Sri Petaling, 57000 Kuala Lumpur, Malaysia.
電話：(603)90563833／傳真：(603)90576622／E-mail：services@cite.my
製版・印刷 漾格科技股份有限公司
ISBN 978-986-289-984-7・978-986-289-982-3（EPUB）
城邦書號 KJ2101 **初版** 2024年03月
定價 460元
MOOK官網 www.mook.com.tw
Facebook粉絲團
MOOK墨刻出版 www.facebook.com/travelmook

YARUKI 1% GOHAN　TEKITO DEMO OISHIKU TSUKURERU MONZETSU RECIPE 500
©Marumikitchen 2022
First published in Japan in 2022 by KADOKAWA CORPORATION, Tokyo. Complex Chinese translation rights arranged with KADOKAWA CORPORATION, Tokyo through Keio Cultural Enterprise Co., Ltd.
This Complex Chinese translation is published by Mook Publications Co., Ltd.

國家圖書館出版品預行編目資料
懶人食譜500道×最快2步驟開版：【日本年度食譜大賞冠軍】省時省錢！活
用現有食材，新手也能變出多國料理／丸美廚房作；許郁文譯. -- 初版. -- 臺
北市：墨刻出版股份有限公司出版：英屬蓋曼群島商家庭傳媒股份有限公司
城邦分公司發行, 2024.03
208面；18.5×23公分. -- (SASUGAS ;101)
譯自：やる氣1%ごはん テキトーでも美味しくつくれる悶絕レシピ500
ISBN 978-986-289-984-7(平裝)
1.CST: 食譜
427.1　　　　　　　　　　　　113000666